AF544619

Tobias Lohf

Vom Schlüpfen bis zum ersten Flug

Die faszinierende Entwicklung der Greifvögel und Eulen

Bayerischer Landwirtschaftsverlag

Tobias Lohf

Vom Schlüpfen bis zum ersten Flug

Die faszinierende Entwicklung der Greifvögel und Eulen

Im Schutz eines Eies ist ein neues Lebewesen entstanden.

Inhalt

▼

7 Das Wunder des Lebens

9 IM BANN DER GREIFVÖGEL
10 **Wie es zu diesem Buch kam**
11 Eine Reise in die Welt der Greifvögel

17 GREIFVÖGEL – HERRSCHER DER LÜFTE
18 **Was macht einen Greifvogel aus?**
19 Der sprichwörtliche Krummschnabel
24 Krallenbewehrte Zehen
28 Scharfe Augen
44 Entwicklung vom Ei zum Vogel

51 DER STEINADLER
52 **Am Anfang steht das Ei**
53 Ein Steinadler erblickt das Licht der Welt
57 24 Stunden später
61 Nach 1 Woche
63 Nach 2 Wochen
65 Nach 3 Wochen
66 Nach 4 Wochen
66 Nach 5,5 Wochen
71 Nach 7 Wochen
77 Nach 9 Wochen
78 Der erste Flug
85 Der Steinadler im Porträt

89 DIE FALKEN
90 **Flugkünstler am Himmel**
91 Schnelle Jäger
91 Der Nachwuchs
95 Der Sakerfalke im Porträt
101 Der Gerfalke im Porträt

109 DIE EULEN
110 **Lautlose Jäger der Nacht**
111 Spezialitäten der Eulen
114 Der Steinkauz im Porträt

119 ADLER UND BUSSARDE
120 **Königliche Vögel**
121 Die Könige der Lüfte
122 Der Wüstenbussard im Porträt
137 Der Weißkopfseeadler im Porträt
143 Der Riesenseeadler im Porträt

153 DIE GEIER
154 **Gesundheitspolizei der Natur**
155 Was zeichnet Geier aus?
158 Der Sperbergeier im Porträt

169 DIE ENTSTEHUNG DES BUCHES
170 **Vom Kurzfilm zum Buch**
171 Die Anfänge
174 Die Fotoshootings
174 Die Adlerwarte Berlebeck

188 ANHANG
189 Über den Autor
190 Literaturverzeichnis
191 Impressum

Das Wunder des Lebens

▼

Das Schlüpfen eines Greifvogels beobachten zu dürfen ist etwas ganz Besonderes. Man ist gebannt von der Situation. Man blendet die Welt um sich herum aus. Voller Faszination kann man das kleine Naturschauspiel bewundern und Zeuge werden, wie ein neues Leben in unsere Welt tritt.

Das Schlüpfen dauert mehrere Stunden, manchmal gar Tage und es muss ungeheure Anstrengungen für das Küken erfordern, sich aus der Kalkschale zu befreien. Umso erleichterter ist man dann, wenn der Jungvogel gesund ist und lebendig piept. Die ersten Laute dieses zerbrechlichen Geschöpfes sind noch ganz zart und es ist schwer vorstellbar, dass aus diesem kleinen Tier in wenigen Wochen ein imposanter Greifvogel erwachsen wird.

Diese emotionale Anspannung zwischen Faszination, Angst, Freude, Geduld, Hoffnung und Erleichterung – erst wenn das Küken geschlüpft ist, wird einem bewusst, wie anstrengend dieses Erlebnis auch für einen selbst gewesen ist.

Gemeinsam mit dem Kameramann Tobias Lohf haben wir mit voller, auf den gegenwärtigen Moment gerichteten Aufmerksamkeit eine fotografische Reise begonnen. Es fühlte sich an wie ein Blick in eine ursprüngliche Welt, ein Blick in die Natur und ein Blick in etwas ganz Besonderes – das Wunder des Lebens..

Benjamin Aschmann

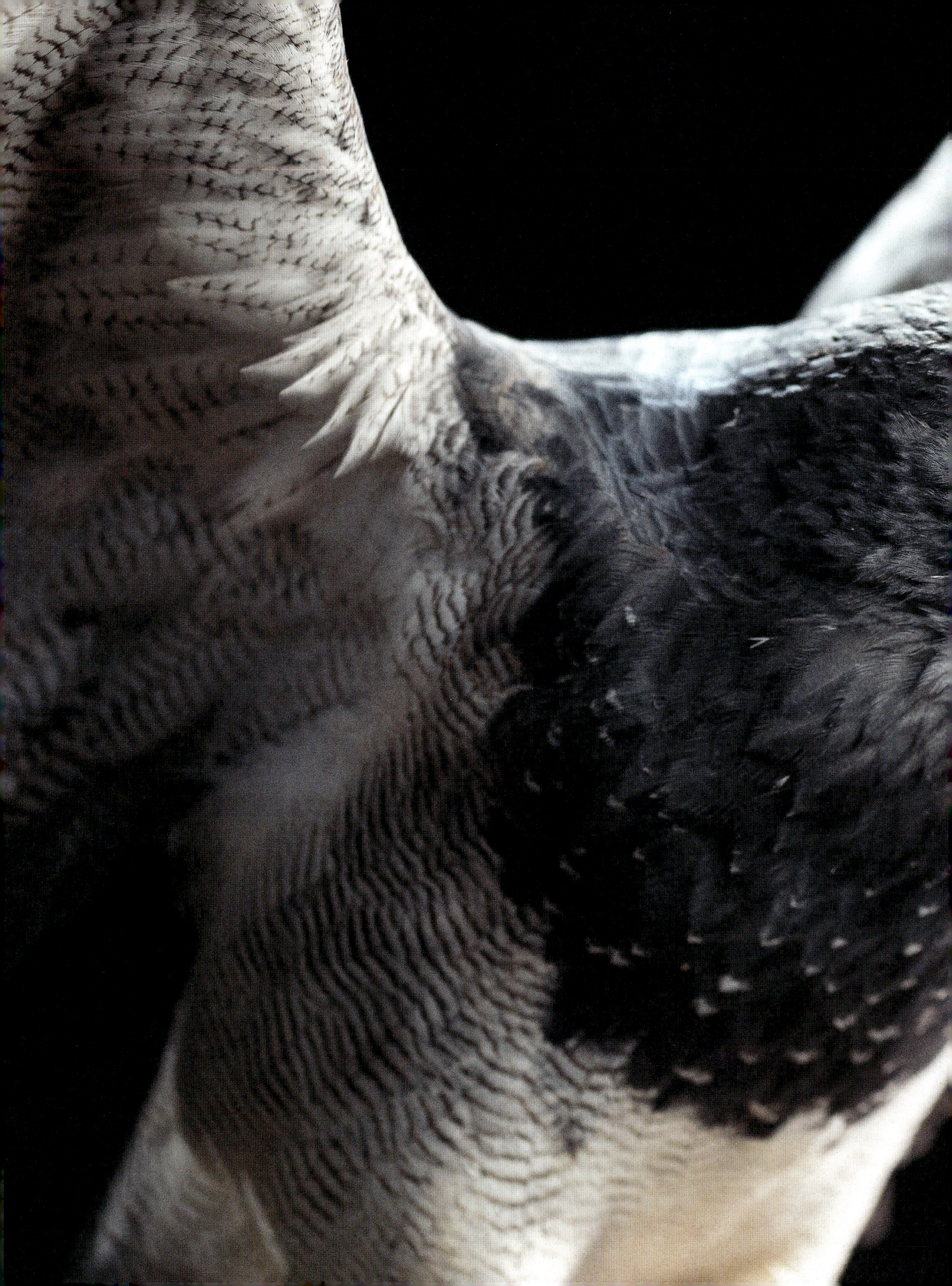

Im Bann der Greifvögel

Greifvögel faszinieren die Menschen seit jeher. In zahlreichen Kulturen zieren sie Wappen und dienen als mythologische Symbole. Der Adler gilt als Zeichen für Macht, Kraft und Freiheit und ist der König der Lüfte. Doch was ist es, das diese Tiere so einzigartig macht?

Wie es zu diesem Buch kam

Eine Reise in die Welt der Greifvögel

Wenn ich einen jungen Greifvogel im Nest betrachte, habe ich das Gefühl, einen außergewöhnlichen Blick in die Natur werfen zu dürfen. Mein Puls steigt, etwas Aufregung macht sich breit und ich fühle eine Mischung aus Neugierde, Faszination und Ehrfurcht. Wenn ein Adler schlüpft, hat er die Größe von einem Hühnerei. Doch für seine Körpergröße hat er schon riesige Fänge. Ein flauschiger, warmer Körper, sein niedlicher Blick, der gelbe Schnabel und kleine Flügelchen – vor mir liegt ein schutzbedürftiges kleines Lebewesen, das in sanften Tönen piept. Und doch weiß man, dass dieses Tier schon wenige Wochen später eine wahre Entwicklung vollbringen wird, eine Spannweite von über zwei Metern erreichen wird und bereit ist, die »Welt« zu erobern. Vom süßen Küken wird es zum stolzen Herrscher der Lüfte. Das ist wirklich ein kleines Wunder, was da passiert.

Gemeinsam mit den Falknern Benjamin Aschmann und Klaus Hansen von der Adlerwarte Berlebeck hatte ich das Privileg, verschiedene Greifvögel in ihrem Wachstum begleiten zu dürfen. Sie haben es mir ermöglicht, die Tiere vom Frühjahr bis zum Herbst regelmäßig fotografieren zu dürfen und haben mich auf eine faszinierende Reise in die Welt der Greifvögel eingeladen. Ich durfte erleben, wie ein junger Steinadler das Licht der Welt erblickt, wie er sich Woche für Woche entwickelt, größer wird, sich trainiert und letztlich zu seinem ersten Flug ansetzt.

Ich habe versucht, auch das Wachstum anderer Greifvogelarten in Fotos festzuhalten. Die Fotografie ist für mich Beobachtung, sie ermöglicht mir einen gezielten Blick und die Betonung des unscheinbaren und unsichtbaren Details. Der schlichte Hintergrund zeigt uns das Tier in seiner Klarheit. Dem Betrachter ist es dadurch möglich, die Tiere aus nächster Nähe beobachten zu können. Wir können näher sein, als es in der Natur je möglich wäre, und uns so auf Dinge konzentrieren, die uns andernfalls verborgen bleiben würden. Wir können den Tieren tief in die Augen blicken und Verborgenes sichtbar machen.

Ich möchte Ihnen eine Geschichte erzählen und Sie, meine Leserinnen und Leser, auf eine kleine Entdeckungstour mitnehmen:

Vom Schlüpfen bis zum ersten Flug.

MEINE FASZINATION FÜR GREIFVÖGEL

Millionen Jahre der Evolution haben die Greifvögel zu hoch entwickelten und spezialisierten Jägern gemacht, die etliche Besonderheiten und Stärken mit sich bringen: Ein ultraleichtes Skelett, stromlinienförmige Körper, ausgezeichnetes Sehvermögen, schnelle Reflexe, scharfe Schnäbel und Krallen, die Kunst des Fliegens – all das sind einige der Eigenschaften, die sie für ein Leben als Herrscher der Lüfte entwickelt haben.

Doch wenn ich überlege, warum ich dieses Buch schreibe und was mich an Greifvögeln so fasziniert, sind es nicht nur diese körperlichen Eigenschaften der Tiere. Greifvögel sind für mich eine Verbindung zur Natur und ein Blick in mich selbst.

Mein Name ist Tobias Lohf. Ich bin Kameramann, Fotograf und Gründer einer Filmproduktionsfirma. Aufgewachsen bin ich in einem Haus direkt am Rand eines idyllischen Waldes in Ostwestfalen-Lippe. Mit meinem Vater und meinem Bruder unternahm ich regelmäßig Erkundungstouren im Wald und schon früh prägten mich die Begegnungen mit den wild lebenden Tieren. Ob es ein Reh war, ein Fuchs, diverse Sing- und Greifvögel: Die Natur wirkte wie etwas Geheimnisvolles und gleichzeitig Inspirierendes auf mich.

Als ich eines Tages in einer Schublade die alte DV-Kamera meines Vaters fand, wurde mir klar: Ich möchte Tierfilmer werden!

Die Kamera im Gepäck, unternahm ich weitere Touren durch die Wälder, immer auf der Suche nach den schönsten Tieraufnahmen. Doch schnell stellte ich fest, dass sich alle Tiere immer, wenn die Kamera dabei war, abzusprechen schienen und sich komplett versteckten. Ist das der sogenannte Vorführeffekt? Nicht wirklich, aber irgendwie beschreibt es, wie ich mich dabei gefühlt habe. Die Begegnung mit den Tieren sollte etwas Zufälliges behalten, denn wenn der Akku leer oder die Kamera erst gar nicht dabei war, schienen sich die Tiere vorsichtig zu zeigen. Ich lernte, dass die Tiere sehr scheu sind und es Geduld und Glück braucht, um sie vor die Linse zu bekommen.

Ich wollte unbedingt Tierfilmer werden, doch ehrlicherweise war ich damals wohl eher ein Leere-Landschaft-Filmer. Meine Aufnahmen beschränkten sich daher oft auf Kohlmeisen, Amseln und gelegentlich auf ein Eichhörnchen, doch irgendwie ließ mich das Thema »Film« nicht mehr los. Wenn ich einen Rotmilan segelnd am Himmel sah, konnte ich stundenlang durch meine Kamera zuschauen. Der Flug des Milans, seine Leichtigkeit, das Gefühl von Freiheit, der Traum vom Fliegen, seine Schönheit mit dem leuchtenden Gefieder: All das faszinierte mich.

In meiner Jugend schwenkte ich dann etwas um, der Wunsch des Tierfilmers rückte in den Hintergrund und stattdessen filmte ich mit meinen Freunden zahlreiche Kurzfilme, mit denen wir auch an Kurzfilm-Wettbewerben und Festivals teilnahmen. Verfolgungsjagden, Kampffilme und postapokalyptische Szenarien waren auf einmal spannender, und dabei lernte ich einiges über das Filmhandwerk.

▷

Die Natur ist für mich stets eine Quelle der Inspiration und Kreativität.

◁

GANZ LINKS: Wenn Adler klein sind, hier ein Steppenadler im Alter von einer Woche, sehen sie sehr niedlich aus.

LINKS: Ein ausgewachsener Seeadler hingegen ist eine imposante Erscheinung.

UNTEN: Es dauert nicht lange, dann wird auch der junge Steppenadler eine wahre Verwandlung vollbringen. Auf dem Foto ist er etwa vier Wochen alt.

GANZ LINKS: Nach neun Wochen ist der Steppenadler ausgewachsen und hat eine Spannweite von fast 1,90 Metern. Er ist der Star unserer ersten Doku »Vom Schlüpfen bis zum ersten Flug« auf YouTube.

LINKS: Die Dokumentation wurde weltweit mehr als 16 Millionen Mal angeschaut und bildet die Grundidee für dieses Buch. Da macht selbst der Bengalenuhu große Augen.

Doch in all der Zeit blieb die Natur für mich stets eine Quelle für Kreativität. Wenn ich Inspirationen oder einen Ausgleich zum Alltag suche, gehe ich noch heute gerne ins Grüne. Man gewinnt Abstand zum Alltag und hat Zeit, über viele gute Ideen nachzudenken. Und begegne ich dort einem Greifvogel, hat es etwas Magisches an sich. Die Faszination für Greifvögel sollte weiterhin bestehen bleiben. Greifvögel stellen für mich eine Verbindung zur Natur dar, ihre Seltenheit macht sie zu etwas ganz Besonderem, sie sind hoch spezialisierte Experten auf ihrem Gebiet und haben ihre Kunstform, das Fliegen und Jagen, zur Perfektion gebracht.

Der Blick eines Greifvogels kann einen in seinen Bann ziehen, und trotzdem bleiben die Tiere auf geheimnisvolle Weise unnahbar. Die starke Identifikation, wie man sie mit einem Haustier wie dem Hund haben kann, ist beim scharfen Blick eines Adlers weniger ausgeprägt. Und doch hat man das Gefühl, etwas Ursprüngliches im Blick dieser Geschöpfe erkennen zu können. Was denkt das Tier, kann es unsere Gefühle lesen, wie wir glauben, seine lesen zu können? Das ist schwer zu beantworten. Für mich aber ist klar: Der Blick eines Tieres übt eine starke Faszination aus und auf einer tieferen Ebene hat man das Gefühl, etwas mehr über das Tier zu verstehen – und auch über sich selbst.

Greifvögel – Herrscher der Lüfte

Ob rasante Wendemanöver, ein fast lautloser Flug oder scheinbar endlose Gleitflüge – jede Greifvogelart hat sich auf ihre ganz persönliche Art spezialisiert. Doch allen gemeinsam ist, dass sie die Kunst des Fliegens perfektioniert haben.

Was macht einen Greifvogel aus?

Durch verschiedenste evolutionäre Anpassungen haben Greifvögel und Eulen ihre Jagdmethoden und körperlichen Fähigkeiten zur Perfektion gebracht. Es gibt Falken, die in rasanten Flugmanövern ihre Beute schlagen, Eulen, die bei scheinbar völliger Dunkelheit auf Jagd gehen, und Geier, die Aas in der Savanne fressen, ohne daran zu erkranken. So unterschiedlich die Arten auch sind: Es gibt einige Eigenschaften, die sie alle gemeinsam haben. Aber welche sind das und was unterscheidet sie von anderen Vögeln?

Unsere Entdeckungsreise beginnt genau hier. Zunächst wollen wir die Tiere und ihre Besonderheiten kennenlernen, damit wir die Entwicklung und das Wachstum der Tiere viel genauer beobachten können. So werden Sie viel mehr Details in den Fotografien erkennen, die Sie andernfalls vielleicht übersehen hätten.

Aber was ist es denn nun, das diese Tiere so besonders macht?

Der sprichwörtliche Krummschnabel

Beim Anblick eines Adlers fällt einem direkt der durchdringende Blick auf, verstärkt durch einen massiven, scharfkantigen Schnabel, bei dem klar wird, dass es sich hierbei um eine tödliche Waffe für seine Beutetiere handelt.

Der Falklandkarakara ernährt sich von fast allem, was er finden kann. Ob Eier, Jungvögel, Aas - der Schnabel ist daher ein Allzweckwerkzeug.

Und genauso ist es, der Schnabel eines Greifvogels ist eines der wichtigsten Werkzeuge für die Jagd oder das Fressen seiner Beute. Dennoch unterscheiden sich die Schnäbel der verschiedenen Greifvögel und Eulen voneinander. Das hat auch einen Sinn, denn je nach Beute und Jagdmethode können die Vögel ihre Schnäbel sehr unterschiedlich einsetzen.

WIE DIE BEUTE, SO DER SCHNABEL

Allen Greifvogelschnäbeln ist gemein, dass der Oberschnabel länger ist als der Unterschnabel, dass er nach unten gebogen ist und in einer Spitze endet - der sprichwörtliche Hakenschnabel. Die Schnabelspitze kommt zum Einsatz, wenn der Greifvogel ein Beutetier öffnen möchte. Die seitlichen Kanten des Oberschnabels sind sehr scharf und dienen als Schneiden. Trotzdem unterscheiden sich die Schnäbel von kleinen Falken deutlich von denen der Geier oder Adler, aber welche Spezialisierung können die einzelnen Greifvögel bieten?

DIE BISSTÖTER

Vereinfacht kann man sagen, dass die Größe und Form der Schnäbel an die jeweilige Größe der Beute angepasst ist. So hat der Steinkauz im Verhältnis zu seiner Körpergröße einen kleinen Schnabel, mit dem er Insekten und Kleinsäuger wie Mäuse fangen kann. Die Mäuse kann er mit einem gezielten Genickbiss töten und anschließend aus ihnen mit seinem spitzen Schnabel kleine Stücke herausreißen und fressen.

Auch Falken sind sogenannte »Bisstöter«. Damit werden Greifvögel bezeichnet, die ihre Beute mit den Fängen packen und durch einen Biss in den Nacken töten. Falken haben ebenfalls einen kleinen, scharfkantigen Schnabel, der für die Jagd auf Insekten oder kleine Säugetiere ausgelegt ist, doch weist der Falkenschnabel eine Besonderheit auf. An der Seite des Oberschnabels befindet sich der sogenannte »Falkenzahn«. So nennt man einen Haken am Oberschnabel kurz vor der gebogenen Schnabelspitze, dem eine entsprechende Einkerbung am Unterschnabel gegenübersteht. Der Falkenzahn verstärkt den Biss in den Nacken des Beutetiers. Wenn die Beute getötet wurde, kann der Falke mit seinem scharfen Schnabel kleine Fleischstückchen herausreißen und fressen.

DIE GRIFFTÖTER

Deutlich stärker ausgeprägt ist der Schnabel von Adlern, die Jagd auf größere Beutetiere machen. Die meisten Adler gelten als »Grifftöter«, das heißt, sie erlegen ihre Beute allein mithilfe ihrer Krallen. Der starke Schnabel ist erst später nützlich, wenn sie die Beute fressen möchten. Steinadler oder Riesenseeadler besitzen einen kräftigen Schnabel, der es ihnen ermöglicht, die dicke Haut der Beutetiere zu öffnen. So kann der Steinadler das Fleisch einer Gämse oder eines Schafes fressen, an das kleinere Greifvögel niemals gelangen würden.

Je nach Beute haben Greifvögel und Eulen einen unterschiedlichen Schnabel entwickelt.

1 Der **Steinkauz** ist kleiner als eine Amsel. Entsprechend jagt er kleine Beute wie Käfer oder Regenwürmer, aber auch Mäuse oder Amphibien.

2 Der **Riesenseeadler** ernährt sich von großen Lachsen, Hasen oder Füchsen und besitzt einen entsprechend kräftigen Schnabel, mit dem er seine Beute mühelos aufschneiden kann.

3 Ein **Weißkopfseeadler** frisst hauptsächlich Fische und Wasservögel, daher braucht auch er einen kräftigen Schnabel. Beim ausgewachsenen Weißkopfseeadler ist der Schnabel orange gefärbt, Jungtiere haben noch einen eher blassgelben Schnabel.

4 Der **Sakerfalke** ernährt sich vor allem von Kleinsäugern und Vögeln. Charakteristisch für Falken ist der »Falkenzahn«, ein Zacken am Oberschnabel, der den Biss ins Genick der Beute verstärkt.

5 Schon beim sieben Wochen alten **Sperbergeier** ist der Schnabel stark ausgeprägt. Damit kann er die Haut verendeter Tiere, meist Huftiere, aufschlitzen.

6 Der **Gaukler** ist ein vielseitiger Jäger auf Säugetiere und Vögel, aber auch Reptilien und Aas. Die Wachshaut, der Bereich oberhalb des Schnabels, ist beim erwachsenen Vogel kräftig rot gefärbt. Junge Gaukler haben einen grünlich blauen Schnabel.

1

2

3

4

5

6

DER SCHNABEL ALS SKALPELL

Auch Geier haben kräftige Schnäbel, die ihnen als nützliche Werkzeuge dienen. Da sie in der Regel Aas fressen, brauchen sie den Schnabel also nicht zum Töten der Beute, wohl aber, um die ledrige Haut zu durchschneiden. Dafür sind die Schnabelkanten sehr scharf. An einem Kadaver kommen oft mehrere Geierarten zusammen, die eine Art Rangfolge haben, in der sie fressen. So sind der Mönchsgeier, auch Kuttengeier genannt, oder der Gänsegeier meist die dominanten Geier. Sie können aufgrund ihres äußerst starken Schnabels die Haut des Kadavers aufschlitzen.

Kleinere Geier wie der Kappengeier kommen erst später zum Zug. Ihr Schnabel ist nicht stark genug, um die dicke Haut zu durchschneiden, daher warten sie meist solange, bis eine größere Geierart diese Aufgabe übernommen hat. Dadurch bleiben ihnen »nur« die Reste, doch mit ihrem spitzen, pinzettenartigen Schnabel können sie auch kleinste Fleischstückchen von den Knochen abzupfen.

WIE KAUT EIN VOGEL?

Wenn der Greifvogel ein Fleischstück abgerissen hat, muss es irgendwie in seinen Magen gelangen. Wirklich kauen kann er aber nicht, denn wie alle Vögel haben Greifvögel keine Zähne, und ihren Unterkiefer können sie nur auf- und abbewegen, aber nicht in einer rotierenden Bewegung einsetzen, um die Nahrung zu zermahlen. Greifvögel können das abgerissene Fleischstück

Greifvögel gehören zu den Schlingfressern. Das bedeutet, dass sie das Fleisch von ihrer Beute abreißen und im Ganzen hinunterschlucken, ohne dabei zu kauen. So kann der sieben Tage alte Blaubussard ca. 35 bis 40 Prozent seines Körpergewichtes täglich aufnehmen. Schon mit sieben Wochen ist er vollständig ausgewachsen und eine beeindruckende Schönheit, wie man auf Seite 8 sehen kann.

Am Schnabel des Sakerfalken lässt sich der »Falkenzahn« gut erkennen. Das ist die scharfe Kante an der Seite des Oberschnabels kurz vor der gebogenen Spitze.

Schon im Alter von neun Wochen ist der junge Riesenseeadler voll ausgewachsen. Nicht zu übersehen ist der gigantische Schnabel.

Besondere Nasenlöcher

Der Schnabel eines Falken weist aber noch eine weitere Besonderheit auf – oder genauer gesagt seine Nasenlöcher. Sein Geruchssinn ist nicht sehr ausgeprägt und spielt bei der Jagd überhaupt keine Rolle, und trotzdem haben seine Nasenlöcher eine interessante Eigenschaft: Hiermit atmet er Luft in seine Lungen. Wow! Das war alles?

Nicht ganz. Denn vielleicht kennen Sie den Effekt, wenn man bei starkem Wind oder im Auto bei voller Fahrt den Kopf aus dem Fenster hält. Die Atmung fällt einem deutlich schwerer.

Wenn der Falke nun mit mehreren Hundert Stundenkilometern im Sturzflug auf seine Beute fällt, bekäme er durch den hohen Luftdruck Schwierigkeiten beim Atmen. Um das zu verhindern, befindet sich mittig in den Nasenlöchern je ein kleiner Knochenzapfen, der die Luftströmung verwirbelt und dadurch den Druck verringert. Das ist eine kleine, aber feine Anpassung für seinen Flug mit Rekordgeschwindigkeiten.

also nicht kauen, diese Aufgabe übernimmt ihr Muskelmagen. Seine Wände dienen als Reibefläche, um die Nahrung zu zerkleinern und für die Verdauung vorzubereiten.

Bei manchen Greifvögeln, vor allem bei den Geiern, ist die nackte Haut oberhalb des Schnabels, die sogenannte Wachshaut, auffällig ausgedehnt und gefärbt. Bei Geiern hat dies einen ganz praktischen Wert. Wenn sie an einem Kadaver fressen, müssen sie ihren Kopf oft tief in den Körper des toten Tieres stecken, um an die Eingeweide zu gelangen. Dabei kommen sie unweigerlich mit Blut und Fleischresten in Berührung. Eine Wachshaut lässt sich einfacher reinigen als verklebte Federn.

DER SCHNABEL – TÖDLICHE WAFFE UND ZÄRTLICHE GESTE

Darüber hinaus erfüllt der Schnabel aber noch weitere Aufgaben. Er ist nicht nur ein Werkzeug für den Nahrungserwerb, sondern ebenso ein Hilfsmittel, das sehr fein und fast zärtlich eingesetzt werden kann.

Da Greifvögel keine Hände haben, nutzen sie den Schnabel, um zum Beispiel einzelne Federn zu reinigen oder das Federkleid zu ordnen und sich zu putzen. Ein intaktes Gefieder ist schließlich wichtig für den Flug. Auch transportieren Greifvögel mit dem Schnabel Nistmaterial, das sie mit großer Präzision in ihren Horst einarbeiten. Aber auch ihre Jungvögel werden sorgsam gefüttert, oder es wird liebevoll mit dem Partner »geschnäbelt«.

Neben seinen praktischen Funktionen dient der Schnabel aber auch als optisches Erkennungszeichen. Bei vielen Arten ändert sich die Farbe des Schnabels im Laufe der Jahre, sodass junge Artgenossen von älteren unterschieden werden können.

So hat der Riesenseeadler als Jungvogel eine blassgelbe Wachshaut, das ist der unbefiederte Teil im Nasenbereich, sowie eine gelbgraue Schnabelspitze. Wenn der Riesenseeadler ausgewachsen und geschlechtsreif ist, bekommt der Schnabel eine tieforangene Färbung und unterscheidet sich deutlich von der des Jungvogels. So können auch Artgenossen das Alter untereinander besser abschätzen und einordnen, ob es sich um echte Konkurrenz handelt oder eher um die halbstarke Jugend.

Krallenbewehrte Zehen

Wozu Greifvögel ihre Füße und Krallen benötigen, sagt das Wort »Greifvogel« schon recht deutlich. Die Füße, die auch Fänge genannt werden, sind eines ihrer wichtigsten Hilfsmittel bei der Jagd. Hiermit greifen sie ihre Beutetiere. Doch so unterschiedlich die Greifvogelarten und ihr Beutespektrum sind, so unterschiedlich und spezialisiert sind auch ihre Füße und Krallen. Doch beginnen wir mit den augenfälligen Eigenschaften:

Wie bei den meisten Vögeln hat der Fuß eines Greifvogels vier Zehen, wovon drei nach vorne und eine nach hinten gerichtet ist. Die meisten Greifvögel sind Insekten- und Wirbeltierjäger, und auf diese Beute ist der Bau ihrer Füße angepasst. Bei allen ist der Fuß kräftig ausgebildet und mit Hornschuppen bedeckt. Die Zehen enden in stark gekrümmten, spitzen Krallen. Mit Ausnahme der Eulen sind die Füße unbefiedert.

DIE LÄNGE DER ZEHEN UND KRALLEN

Je nach Beute können auch die Zehen und Krallen eines Greifvogels anders ausgebildet sein. Vogelfänger wie zum Beispiel Wanderfalken haben eine besonders lange Mittelzehe. So können sie die Beute durch Umschließen besser festhalten. Außerdem können sie so im letzten Moment noch Beute packen, da sie mit ihren langen Füßen noch weit vorschnellen und zugreifen können. Die Füße von Falken sind zwar groß, aber nicht sehr stark.

Lange Zehen deuten oft darauf hin, dass die Art vor allem fliegende Tiere fängt. Falken haben also eher lange Zehen, aber kurze Krallen, da sie ihre Beute damit zwar halten, letztlich aber als »Bisstöter« ihre Beute mit dem Schnabel töten.

Adler, Bussarde, Milane und Habichte hingegen haben stark gekrümmte, sehr kräftige Krallen, mit denen sie unglaubliche Kräfte aufbringen können. Im Gegensatz zu den Falken gelten sie als »Grifftöter«. Sie töten ihre Beute durch kräftiges Zupacken, wobei ihre scharfen Krallen lebenswichtige Organe ihrer Beute verletzen können.

Aber es sind nicht nur die Krallen bzw. der kräftige Griff, durch die die Beute den Tod findet. Auch führt oft der enorme Aufprall des Greifvogels auf die fliegende Beute bereits in der Luft zum Genickbruch und somit zum Tod des Beutetieres.

GUT ZU FUSS

Ebenfalls besondere Füße und Krallen haben die Geier. Sie haben lange Zehen, die aber eher an die Füße eines Huhns erinnern. Geier können nicht sehr kräftig zupacken, sind dafür aber »gut zu Fuß« unterwegs. Da Geier in der Lage sind, bis zu einem Drittel ihres eigenen Gewichtes an Nahrung aufzunehmen, sind sie nämlich irgendwann einfach zu schwer, um sich in die Luft erheben zu können. Ihre Krallen sind außerdem recht kurz und wenig gebogen, da sie die Beute nur halten und nicht erlegen müssen. Aas ist für gewöhnlich nicht sehr wehrhaft.

BESONDERE ANPASSUNGEN

Der Fischadler weist eine Besonderheit auf. Wie auch bei Eulen hat er eine Wendezehe, das heißt, er kann die jeweils äußerste Zehe nach vorne oder nach hinten stellen. So kann er mit je zwei Zehen vorne und zwei Zehen hinten zugreifen und glitschige Fische besser halten. Die langen, extrem gebogenen Krallen des Fischadlers unterstützen ihn beim Fangen der rutschigen Fische. Zusätzlich weist die Haut auf der Unterseite der Zehen stachelartige Schuppen auf, was für eine bessere Haftung sorgt. Auch Seeadler sind für die Jagd auf Fische spezialisiert und profitieren von der angerauten Fußsohle.

Ein ebenfalls aus der Gruppe der Greifvögel herausstechender Fall ist der Sekretär. Er gehört zur Familie der Falken, doch vom Körperbau ähnelt er eher einem Storch. Anders als Falken jagt er seine Beute zu Fuß. Hat er ein Tier gesehen, tritt er danach und erschlägt es mit den Füßen. Im Anschluss kann er dann die erlegte Beute, zum Beispiel eine Schlange, mit dem Schnabel zerteilen und verschlingen.

---

1 **Sakerfalke:** Falken haben lange Zehen, um ihre Beute festhalten zu können und sie dann mit einem Biss zu töten.

2 **Sperbergeier:** Die Zehen der Geier sind lang und haben kurze Krallen, da sie ihre Füße eher zum Laufen brauchen.

3 **Schnee-Eule**: Die meisten Eulen haben befiederte Zehen. Ihre vierte Zehe ist eine Wendezehe, die die Eulen nach hinten drehen und dadurch sicherer zupacken können.

4 **Wüstenbussard:** Ihre Füße sind weniger spezialisiert, denn sie jagen sowohl von einem Ansitz aus als auch zu Fuß. Die Besonderheit dieser Art ist die Jagd in der Gruppe.

5 **Fischadler:** Sie ernähren sich ausschließlich von Fischen. Als Anpassung an ihre glitschige Beute sind die Zehen auf der Unterseite stachelartig geschuppt. Außerdem haben sie wie Eulen eine Wendezehe und können dadurch zangenartig zugreifen.

6 **Wüstenbussard:** Schon beim gerade geschlüpften Küken sind die Zehen und Krallen gut ausgebildet.

1

2

3

4

5

6

Ein Adler mit gespreizten Krallen im Anflug ist eine imposante Erscheinung.

LINKS: Adler sind »Grifftöter«, da sie ihre Beute durch kräftiges Zupacken erlegen. Der Seeadler jagt Fische, indem er diese im Vorbeiflug aus dem Wasser greift.

OBEN: Die Krallen des zehn Wochen alten Steinadlers sind bereits voll ausgebildet.

Scharfe Augen

Greifvögel sind hoch spezialisierte Tiere, die ihre Jagdmethoden perfektioniert haben. Ob sie kleine flinke Tiere wie Mäuse fangen, riesige Gebiete aus großer Höhe nach Beute absuchen oder sogar in rasanten Flugmanövern bei mehreren Hundert Stundenkilometern andere Vögel aus der Luft schlagen: Ihr wichtigster Sinn ist das hoch entwickelte Sehvermögen. Die sprichwörtlichen »Adleraugen« gehören zu den besten im gesamten Tierreich.

Doch stimmt diese Aussage? Haben Adler und andere Greifvögel wirklich so gute Augen? Kurz gesagt: Ja!

WOFÜR SIE GUT SIND

In erster Linie brauchen Greifvögel ihre Augen, um Nahrung finden zu können. Geier ernähren sich beispielsweise von Aas, also verwesendem Fleisch. Im Gleitflug können sie durch ihre gute Weitsicht riesige Gebiete nach Kadavern absuchen und erkennen tote Tiere schon aus mehreren Kilometern Entfernung.

Aber die meisten Greifvögel haben sich auf die Jagd von bewegter Beute spezialisiert und um diese zu fangen, muss sie zunächst ausfindig gemacht werden. Zum Beuteschema gehören dabei nicht nur Säugetiere wie Hasen oder Rehkitze, die aufgrund ihrer Größe noch recht gut erkennbar sind, sondern es reicht bis hin zu kleinen Insekten.

So macht der hoch spezialisierte Wespenbussard, wie sein Name schon verrät, Jagd auf bodenbewohnende Wespen. Auf seinem Ansitz in einer Baumkrone lauert er auf seine Beute und beobachtet aufmerksam den Waldboden nach fliegenden Wespen. Da diese Insekten kleiner als zwei Zentimeter sind, muss er sehr genau hinschauen. Doch sobald er eine ausfindig gemacht hat, kann er ihren Flug verfolgen und somit das Erdnest der Wespen ausfindig machen.

Das Wespennest gräbt er dann mit den Füßen scharrend und unter Zuhilfenahme des Schnabels aus. Zum Schutz seiner lebenswichtigen Augen verschließt sie der Wespenbussard mit einem speziellen Lid, der sogenannten Nickhaut. Auf diese Weise kann er die Waben herausreißen und die Puppen und Larven fressen oder seinen Jungvögeln bringen.

Die Augen der Eulen und Greifvögel sind wahre Wunderwerke und haben die ein oder andere Überraschung parat.

Doch was macht die Greifvogelaugen nun so besonders und was unterscheidet sie von den Augen anderer Lebewesen?

Greifvögel haben eine zeitliche Auflösung von etwa 150 Bildern pro Sekunde, sodass sie blitzschnell auf jede Veränderung reagieren können. Das ist besonders bei der Jagd auf lebende Tiere von Vorteil, etwa bei Bussarden, Falken oder Adlern. Die meisten Eulen jagen wie der Fleckenuhu in der Dämmerung. Um bei wenig Licht noch gut sehen zu können, besitzen sie auf ihrer Netzhaut überwiegend lichtempfindliche Stäbchen-Sehzellen, die besonders stark ausgeprägt sind, sodass Hell-Dunkel-Kontraste hervorragend wahrgenommen werden können. Doch einen kompletten »Nachtsichtmodus« haben auch Eulen nicht. Geier wie der Sperbergeier ernähren sich von Aas, das sie nicht jagen, sondern finden müssen. Dafür haben sie eine gute Weitsicht entwickelt.

Blaubussard

Sakerfalke

Weißkopfseeadler

Gaukler

Fleckenuhu

Sperbergeier

Der Steinadler hat wahre »Adleraugen« und kann ein Kaninchen noch aus mindestens 1,5 Kilometer Entfernung entdecken.

DIE LEISTUNGSFÄHIGKEIT DER GREIFVOGELAUGEN

Obwohl der Kopf eines Adlers deutlich kleiner ist als der eines Menschen, sind seine Augen relativ zur Körpergröße extrem groß. Die Größe der Augen scheint aber nicht ausschlaggebend für die Sehleistung zu sein. Doch auch die ist bei Greifvögeln um vieles besser als beim Menschen. Ein Steinadler kann ein Kaninchen noch aus mindestens 1,5 Kilometern Entfernung erkennen, was einem Menschen unmöglich ist. Auch eine Maus können wir in einer Entfernung von 50 Metern kaum noch erkennen, wohingegen der Mäusebussard diesen Kleinnager noch sehen kann, wenn er 250 Meter von ihm entfernt ist.

Entscheidend für die Sehschärfe ist die Anzahl der Sehzellen, die auf der Netzhaut im Inneren des Auges sitzen. Die Dichte der Sehzellen ist bei Greifvögeln nämlich fünf- bis achtmal höher als bei Menschen, sodass sie deutlich schärfer sehen und auch auf größere Entfernungen deutlich mehr Details erkennen können.

Beide Augen sind bei Greifvögeln nach vorne gerichtet, dadurch überlappen sich die Sehfelder der Augen, sodass ein binokulares, das heißt räumliches Sehen wie bei uns Menschen möglich ist. Auch Greifvögel sind also dadurch in der Lage, Entfernungen abschätzen zu können.

WEITWINKEL- ODER TELEOBJEKTIV?

Doch Greifvogelaugen bieten noch eine weitere Besonderheit: Im Gegensatz zu uns Menschen haben sie nicht nur eine Sehgrube, sondern zwei. Die Sehgrube ist eine Einsenkung in der Netzhaut und der Bereich, in dem wir am schärfsten sehen können.

Das Adlerauge besitzt etwa fünfmal so viele Zapfen wie das menschliche Auge, was den Vögeln ein deutlich schärferes Sehen ermöglicht. Dadurch sind sie in der Lage, auch kleinste Details auf viel größere Entfernung als wir Menschen zu erkennen. Oft wird das Adlerauge mit einem Fernglas mit einer siebenfachen Vergrößerung verglichen.

OBEN: Adleraugen wie die des Gauklers befinden sich seitlich am Kopf. Dadurch haben die Vögel sowohl eine Überschneidung des Sehfeldes, um dreidimensional sehen zu können, als auch einen Panoramablick zu den Seiten.

RECHTS: Der scharfe Blick eines Blaubussards. Die Sehzellen auf der Netzhaut von Vögeln sind gleichmäßiger verteilt als beim Menschen. Dadurch können sie mehr Details in größeren Bereichen ihres Blickfeldes wahrnehmen. Beim Menschen nimmt die Schärfe und der Detailgrad vom Fokus nach außen hin viel stärker ab.

Blicken wir also auf einen Punkt, ist der Bereich scharf gestellt und alles darum verläuft immer unschärfer. Wir können also durch die Augenbewegung immer neue Punkte anschauen und nur einen kleinen Teil scharf sehen. Wenn Sie jetzt diesen Text lesen, werden die einzelnen Buchstaben, auf die Sie blicken, gestochen scharf sein. Doch die Worte, die weiter entfernt von dieser Zeile stehen, werden immer unschärfer.

Bei Greifvögeln ist das etwas anders, denn ihre Augen bzw. die entsprechende Hirnregion eines Greifvogels weist zwei Sehzentren auf. Eines dient dem dreidimensionalen Sehen, das andere dem Rundumblick des einzelnen Auges.

Das einzelne Falkenauge zum Beispiel deckt ein Sehfeld von bis zu 150° ab. Davon überschneiden sich 35 bis 50° im Gesichtsbereich (binokulares Sehen). Insgesamt hat ein Greifvogel aufgrund der Stellung seiner Augen einen »Panoramablick« von 220°.

Verglichen mit einer Kamera, hat der Greifvogel also immer ein Weitwinkel- und ein Teleobjektiv dabei, um sowohl den Nahbereich als auch in die Ferne sehen zu können. Das Gehirn kann zwischen diesen verschiedenen Möglichkeiten blitzschnell hin- und herschalten. Ob Nah- und Fernbereich vielleicht sogar gleichzeitig wahrgenommen werden können, ist unklar.

Das binokulare Sehen ermöglicht dem Greifvogel zum einen ein gutes räumliches Sehen, zum anderen wird er durch die Verwendung beider Augen wahrscheinlich bis zu 1,4-mal schärfer sehen können als mit nur einem Auge.

WEITERE FARBSEHZELLEN

Auf der Innenseite des Auges befindet sich die Netzhaut, die mehrere Schichten von Sehzellen (Fotorezeptoren) enthält. Diese Sehzellen, wie beim Menschen Stäbchen und Zapfen, unterscheiden sich in Form und Funktion. Stäbchen sind lichtempfindlich, können aber nicht zur Farbunterscheidung beitragen, sondern liefern dem Gehirn nur ein Schwarz-Weiß-Bild. Sie sind für das Dämmerungs- und Nachtsehen zuständig. Die Zapfen ermöglichen das Farbensehen.

Das menschliche Auge weist drei Zapfentypen auf. Einer der Typen reagiert optimal auf gelbrotes, der zweite auf blaues und der dritte auf grünes Licht. Bei Greifvögeln scheint die Netzhaut mit weiteren Fotorezeptoren ausgestattet zu sein, sodass die Vögel mehr Farbtöne unterscheiden können als Menschen.

So ist bekannt, dass einige Greifvögel Licht im Ultraviolettbereich erkennen können und diese Fähigkeit für die Jagd nutzen. Dieser Bereich ist noch wenig erforscht, dennoch zeigen zum Beispiel Beobachtungen von Turmfalken, dass sie in der Lage sein müssen, diesen Bereich des Lichtes wahrnehmen zu können. Turmfalken erkennen die Urin- und Kotspuren von Mäusen,

So sanft der Blick dieses Sakerfalken wirkt, bei der Jagd kennt er kein Pardon. Er fängt hauptsächlich kleinere Säugetiere – meist von einem Ansitz aus oder im Suchflug.

Ein Steinadler fixiert uns mit seinem Blick. Greifvögel verfügen über zwei Sehschärfezentren. Dadurch können sie sowohl den Fokus ihres Blickfeldes scharf stellen als auch einen Teil ihres peripheren Blickfeldes.

da sich das UV-Licht der Sonne darin stärker reflektiert. Auf diese Weise können sie die Spur der Tiere verfolgen, die sie direkt zu den Mäuselöchern führt.

SEHEN IN SLOW-MOTION

Wenn ein Falke seine Beute verfolgt und dabei im Sturzflug mehrere Hundert Stundenkilometer erreichen kann, muss er seine Beute ständig im Auge behalten, um blitzschnelle Manöver fliegen zu können, Hindernissen auszuweichen und letztlich seine Beute zu schlagen. Diese schnelle Reaktionsgeschwindigkeit erlaubt ihm das hohe zeitliche Auflösungsvermögen seiner Augen. Die Anzahl der Bilder, die in einer Sekunde noch als Einzelbilder erkannt werden, beträgt beim Menschen 25. So funktionieren auch Filme, die letztlich nichts anderes sind, als 25 Einzelbilder pro Sekunde. Diese Bilder wirken für uns wie eine flüssige Bewegung.

Bei Greifvögeln hingegen geht man von einer zeitlichen Auflösung von 150 Einzelbildern pro Sekunde aus, was ihnen eine schnellere Reaktionsgeschwindigkeit beschert.

SCHNELLER FOKUS

Neben den bereits genannten Unterschieden hat das Vogelauge noch weitere Anpassungen, mit denen die Leistungen des

Die meisten Greifvögel haben mehr Halswirbel als viele Säugetiere. Dadurch sind ihre Hälse sehr beweglich, sodass sie eigenartige Verrenkungen machen können, wie dieser Steinadler.

Eulen wie dieser Fleckenuhu sind besonders gelenkig und können ihren Kopf um bis zu 270 Grad drehen. Dadurch könnte sich eine Eule nach rechts drehen und über ihre linke Schulter schauen.

menschlichen Auges übertroffen werden. Die Augen des Greifvogels können viel schneller über einen weiten Bereich scharf stellen als die menschlichen Augen. Ohne Fokussierung, also Anspannung der Augenmuskeln, sind die Augen eines Greifvogels auf Fernsicht eingestellt. Sie können über 20 Dioptrien, doppelt so viel wie beim Menschen, verstellt werden.

Der amerikanische Buntfalke soll sogar in der Lage sein, von seinem Ansitz aus eine Maus, die in etwa 275 Meter Entfernung läuft, zu erkennen. Bei einer Entfernung von 34 Metern scheint er noch 0,6 Zentimeter große Insekten wahrzunehmen.

UNTERSTÜTZUNG DER SEHLEISTUNG

Es ist nicht nur die reine Sehleistung des Auges, die dem Greifvogel zu einem guten Sehvermögen verhilft. Turmfalken können im Rüttelflug ihren Kopf nahezu komplett still halten, damit sie Mäuse oder ähnliche Beute erkennen können. Es ist also die Feinabstimmung zwischen der Sehleistung des Auges und der körperlichen Anpassung der jeweiligen Tiere, die diese herausragende Leistung erst ermöglicht. Im Lauf der Evolution sind deshalb einige anatomische Anpassungen des Auges und Nervensystems erfolgt. Neben der guten räumlichen Auflösung und

Der Blick
einer Eule
ist einfach cool!

LINKS: Eulenaugen sind nach vorne gerichtet und starr im Schädel fixiert. Wenn der Fleckenuhu woanders hinschauen möchte, muss er seinen ganzen Kopf drehen.

OBEN: Schon bei diesem jungen Steinkauz erkennt man an den Augen, dass es eine Eule ist.

Dieser Gaukler ist nicht blind, auch wenn es so aussieht. Er hat die halb transparente »Nickhaut«, ein drittes Augenlid, geschlossen, die zur Reinigung und zum Schutz der Augen dient.

Oberhalb des Seeadler-Auges ist das Supraorbitalschild zu erkennen. Das ist ein Knochen über der Augenhöhle, der weiteren Schutz bietet.

Die Nickhaut

Unter dem Augenlid haben alle Vögel die Nickhaut, ein drittes Augenlid. Die Nickhaut ist bei Greifvögeln fast durchsichtig und kann von vorne nach hinten über das Auge bewegt werden. Sie feuchtet das Auge an, reinigt die Hornhaut und schließt sich schneller als die beiden anderen Lider. Bei einem Angriff auf ihre Beute schließt sich die Nickhaut blitzschnell, um beim Aufprall Schutz zu bieten. Auch füttern Greifvögel ihre Jungen oft mit geschlossener Nickhaut, damit die noch ungeschickten Küken nicht versehentlich mit ihrem Schnabel das Auge des Elternvogels verletzen.

Vergrößerung haben die Greifvögel auch ein ausgeprägtes Farb- und Kontrastsehen, ebenso wie die Möglichkeit, Bewegungen wahrzunehmen. Das Zusammenspiel all dieser Fähigkeiten sorgt für das hoch entwickelte Sehvermögen und es ist anzunehmen, dass Greifvögel ihre Umwelt in einer Sichtweise erleben, die wir Menschen uns gar nicht vorstellen können.

STARRE AUGEN, BEWEGLICHER HALS

Da die Augen der Greifvögel relativ starr in der Augenhöhle sitzen und bei Eulen beispielsweise gar nicht bewegt werden können, müssen die Vögel diese Bewegungslosigkeit auf eine andere Art kompensieren – und zwar können Greifvögel ihren Kopf deutlich besser bewegen. Ermöglicht wird ihnen dies durch den oft langen Hals und die zahlreichen Halswirbel. Während Menschen oder andere Säugetiere nur sieben Halswirbel besitzen, haben die meisten Greifvögel doppelt so viele, meist 14 Halswirbel. Arten wie der Gänsegeier beispielsweise haben sogar 17 Halswirbel. Auch ist der erste Halswirbel am Kopfansatz durch eine Art Kugelgelenk mit dem Schädel verbunden, was den Kopf der Greifvögel äußerst beweglich macht.

SCHUTZMECHANISMEN DES AUGES

Ein Greifvogel ist ohne sein Sehvermögen nicht überlebensfähig, denn wie soll er seine Beute fangen, wenn er im »Blindflug« unterwegs ist. Deshalb haben sie im Lauf der Zeit einige Eigenschaften entwickelt, die dieses wichtige Sinnesorgan schützen. Schaut man in die Augen eines Adlers, wirkt der Blick oft starr und etwas böse. Diesen Eindruck verursacht ein Knochenschild (Supraorbitale) auf Höhe der Augenbrauen. Dieser Knochenschild steht am oberen Rand des Auges hervor und dient dem Schutz des Auges vor Sonnenlicht oder Verletzungen. Bei Falken und beim Fischadler ist dieser Knochenschild nur gering ausgebildet, wodurch ihr Blick deutlich freundlicher wirkt.

Neben dem Knochenschild bietet auch das Augenlid weiteren Schutz. Wie bei fast allen Vögeln kann das untere Augenlid nach oben gezogen werden. So verschließt der Vogel beim Schlafen oder Ruhen sein Auge.

DAS SEHEN BEI DUNKELHEIT

Greifvögel sind nicht für ihre Fähigkeit, bei Nacht sehen zu können, bekannt. Zwar werden Wanderfalken beobachtet, dass sie in beleuchteten Großstädten nachts erfolgreich Beute schlagen, allerdings macht es die helle Beleuchtung dem Vogel leicht zu jagen, da er seine Beute und mögliche Hindernisse gut im Licht der Straßen- und Reklamebeleuchtung ausmachen kann. Ohne diese Lichter würde der Wanderfalke nicht in der Nacht jagen, da alle Greifvögel am Tag aktiv sind. Deshalb werden sie auch Taggreifvögel genannt.

EULEN – VÖGEL DER NACHT

Wenn die Dämmerung hereinbricht, wird aber eine andere Gruppe aktiv: die Eulen und Käuze. Ihre Nachtaktivität erfordert einige Anpassungen, die ihnen das Jagen in der Dunkelheit ermöglichen. Eulen haben einen großen Kopf mit nach vorn gerichteten Augen, die sie fast menschlich wirken lassen. Die Stellung der Augen ermöglicht ihnen binokulares Sehen. Dabei überschneiden sich die Sehfelder beider Augen vor dem Gesicht in einem Winkel von 100°, ein Habicht kann nur etwa 60° mit beiden Augen wahrnehmen.

Eine Einschränkung der Augen einer Eule ist aber ihre Unbeweglichkeit. Die Augen sind von einem Knochenring umgeben, weshalb sie nicht nach links oder rechts bewegt werden können. Um dies auszugleichen, sind Eulen in der Lage, ihren Kopf um bis zu 270° zu drehen. Eine Eule kann den Kopf so weit nach links drehen, dass sie sich fast über die rechte Schulter schaut - und nach der anderen Seite natürlich genauso. Bei uns Menschen wäre so eine Bewegung kaum denkbar und würde eher mit einem Genickbruch enden.

Die für Vögel ungewöhnlich großen Augen sind auf das Sehen bei Restlicht ausgelegt. Das bedeutet, dass für Eulen minimale Lichtquellen ausreichen, damit sie sehen können. Ihre große Pupille kann sich bei Dunkelheit fast zur gesamten Augenöffnung ausweiten. So kommt es fast zu einem 2,7-fach höheren Lichteinfall als in das menschliche Auge. Einen »Nachtsichtmodus« haben Eulen allerdings nicht. Bei völliger Dunkelheit können also auch sie nichts mehr sehen.

Auf ihrer Netzhaut haben Eulen hauptsächlich Stäbchen-Sehzellen, womit sie Hell-Dunkel-Kontraste wahrnehmen können. Die Stäbchenzellen sind vier- bis achtmal dichter verteilt auf der Netzhaut als bei tagaktiven Vögeln. Je nach Art, Lebensraum oder Beute kann die generelle Zusammenstellung der Sehzellen variieren. Waldbewohnende Eulen brauchen leistungsfähigere Augen, da die Lichtmenge im Wald geringer ist als auf der freien Fläche. Sie müssen also mit wenig Licht möglichst viel sehen, um erfolgreich Beute machen zu können. Dabei ist das Auge eines Waldkauzes bis zu 2,5-mal lichtempfindlicher als das menschliche Auge. Nachtaktive Eulen haben eine drei- bis zehnmal bessere Sehleistung im Dunkeln als wir.

Im Gegensatz dazu ist die Sehleistung des tagaktiven Sperlingskauzes schlechter als beim Menschen. Auf seiner Netzhaut finden sich neben den Stäbchen auch Zapfen-Sehzellen, damit er, als Vogeljäger sehr von Vorteil, Farben wahrnehmen kann. Gegenüber den meisten tagaktiven Greifvögeln fehlt den Eulen die Fähigkeit, Licht im UV-Bereich wahrzunehmen. Dies konnte experimentell vor allem für den tagaktiven Sperlingskauz nachgewiesen werden.

Trotz allem sind Eulen aber keinesfalls tagblind. Ihre Sehschärfe kann mit zunehmender Helligkeit weniger werden, dennoch ist es ihnen sogar möglich, direkt in die Sonne zu schauen. Trotzdem müssen die Vögel ihre empfindlichen Augen vor grellem Lichteinfall schützen. Dazu können sie ihre Pupillen punktförmig verengen, sogar unabhängig voneinander, falls nur eine Seite des Kopfes beleuchtet wird. Zusätzlich kneifen sie die Augenlider zusammen. Dieser Anblick ist typisch für die Schnee-Eule, die als am Tag jagende Eule dem Sonnenlicht auf der Schneedecke der Tundra ausgesetzt ist. Einige tagaktive Eulen wie der Steinkauz oder die Sperbereule besitzen besonders hervortretende Augenbrauen, die als Sonnenschutz dienen sollen.

Das Auge des Fleckenuhus ist für eine maximale Ausnutzung des Dämmerlichtes ausgelegt. So ermöglicht die große Pupille einen bis zu 2,7-fach höheren Lichteinfall als beim Menschen.

Entwicklung vom Ei zum Vogel

Ähnlich wie beim menschlichen Embryo gibt es auch bei Vogel-Embryos den Moment, bei dem eine Umstellung der Sauerstoffversorgung stattfindet. Ein ungeborenes Kind wird über die Nabelschnur versorgt. Zwar ist der Vergleich zwischen einem Menschen, also im Grund einem Säugetier, und einem Vogel nicht ganz treffend, doch am Ende atmet auch der Vogel über seine Lungen.

Im Ei wird das Küken also über die Blutgefäße mit Sauerstoff versorgt. Die Eihaut ist gut durchblutet und versorgt das Küken. Die Sauerstoffversorgung reicht zwar für das kontinuierliche Wachstum innerhalb des Eis, doch würde es das Küken nicht mit genügend Energie versorgen, um den immensen Kraftakt während des Schlüpfens zu vollbringen. Daher reduziert sich kurz vor dem Schlüpfen die Durchblutung und das Küken pickt die Luftkammer im Ei an. Das ist der erste Atemzug, den der Jungvogel aufnimmt. Doch die Luft darin ist schnell aufgebraucht. Es beginnt ein kleiner Wettlauf gegen die Zeit, denn wenn das Küken nicht rechtzeitig eine Öffnung in die Schale picken kann, wird es im Inneren ersticken oder vor Erschöpfung sterben.

Der steigende Kohlendioxidgehalt im Blut löst aber eine natürliche Reaktion aus: Die Nackenmuskeln des Kükens beginnen sich immer wieder zusammenzuziehen und erzeugen dadurch eine Art Reflex, sodass das Küken mit seinem Schnabel gegen die Schale pickt. Der spitze Eizahn ist ihm dafür ein nützliches Werkzeug, das wie eine kleine Spitzhacke dient. Gleichzeitig presst sich das Küken mit seinen Beinen und Schultern dagegen, bis die Schale aufbricht.

Gelegentlich helfen die Elternvögel ein wenig mit, indem sie auf den Schalenrand picken. Für gewöhnlich schaffen es die Küken aber aus eigener Kraft. Nachdem sich das Küken von den Schalenresten befreit hat, werden diese vom Altvogel entsorgt. Andernfalls könnten die Schalenreste möglichen Feinden verraten, dass hier Nachwuchs geschlüpft ist.

WARUM HÜHNER KRASSER SIND ALS ADLER

In der Ornithologie wird im Wesentlichen zwischen zwei Jungvogeltypen unterschieden. Die »Nestflüchter«, die nach dem Schlüpfen sofort lebhaft sind und das Nest direkt verlassen können. Dazu gehören Hühner, die bereits wenige Stunden nach dem Schlüpfen direkt stehen, laufen und eigenständig fressen können. Damit sind sie Greifvögeln in der Anfangszeit ihrer Entwicklung deutlich voraus.

ENTWICKLUNG EINES WANDERFALKEN

1 Das Ei eines Wanderfalken ist braun gefleckt und etwa um ein Drittel kleiner als ein gewöhnliches Hühnerei.

2 Vor dem Schlüpfen findet eine Umstellung der Sauerstoffversorgung statt, sodass das Küken beim Schlüpfen bereits über die Lunge atmen kann.

3 Der Schlupf eines Kükens kann mehrere Stunden und teilweise bis zu zwei Tage dauern, was für den jungen Vogel einen enormen Kraftakt bedeutet. Der frisch geschlüpfte Wanderfalke ist zwar etwas erschöpft, aber wohlauf und kerngesund.

4 Schon einen Tag später ist das feuchte Dunengefieder getrocknet und flauschig. Die Entwicklung in den ersten Tagen verläuft rasend schnell.

5 Schon nach zwei Wochen hat der junge Wanderfalke einen deutlichen Wachstumsschub gemacht und sitzt immer häufiger auf seinen Fersen.

6 Im Alter von etwa drei Wochen wachsen die ersten Flügelfedern und der Wanderfalke zieht sich auf seinen Fersen nach vorne. Von einem richtigen »Laufen« kann nicht die Rede sein. Verglichen mit einem Menschen würde man eher von »Krabbeln« sprechen.

1

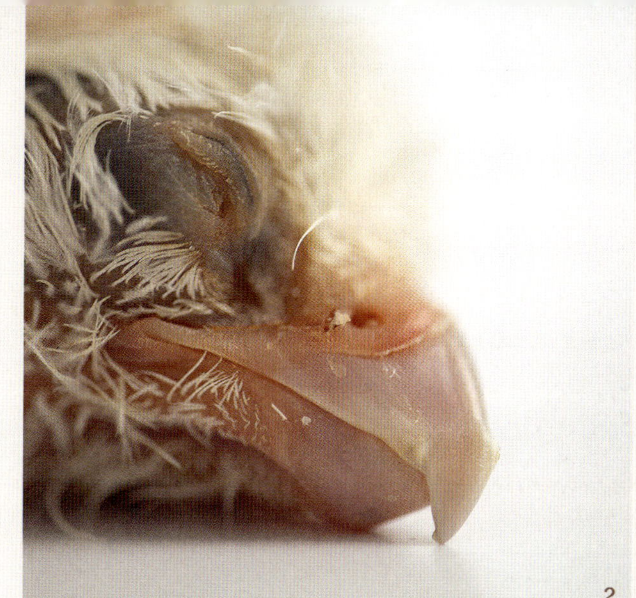
2

3

4

5

6

Im Alter von etwa drei Wochen ist das Federwachstum besonders gut erkennbar und leitet eine optische Verwandlung des Jungfalken ein. Er wird sein Dunengefieder durch sein Jugendgefieder ersetzen und schon in wenigen Wochen flugfähig sein.

Denn Greifvögel und Eulen gehören zu den sogenannten »Nesthockern«. Sie schlüpfen zwar mit einem ersten Dunenkleid aus dem Ei, sind aber teilweise blind, erschöpft, hilflos und auf die Versorgung durch ihre Eltern angewiesen. Da bietet das Nest ihnen Schutz. Es dauert mehrere Wochen, bis auch sie ein eigenständiges Leben führen können. Doch bevor es so weit ist, beginnt die »Nestlingszeit«. Auch in dieser Phase ist das Küken vollständig auf seine Eltern angewiesen. Es kann seine Körpertemperatur noch nicht selbstständig aufrechterhalten, sodass es von den Eltern gewärmt wird. Es wird regelmäßig gefüttert, aber auch vor lauernden Bedrohungen gewarnt und beschützt.

WIE VIELE EIER LEGT EIN VOGEL?

Je nach Art schwankt die Zahl und die Häufigkeit, mit der ein Vogel Eier legt. Tendenziell kann man sagen, dass je kleiner ein Vogel und je geringer seine Lebenserwartung ist, desto mehr Eier legt dieser. So legen kleine Singvögel wie die Blaumeise bis zu 15 Eier in ein Gelege. Für die Gelegegröße ist außerdem von Bedeutung, wie groß die Überlebenswahrscheinlichkeit und der Erfolg der Aufzucht des jeweiligen Nachwuchses ist.

Für die meisten Greifvögel bedeutet das daher, dass sie sich auf nur wenige Küken konzentrieren. So legen die meisten Geierarten nur ein Ei, viele Adlerarten ein bis zwei Eier, Bussarde eher zwei bis drei Eier, viele Falken etwa drei bis vier Eier und Eulen oft drei bis sechs Eier. Natürlich gibt es je nach Art Unterschiede und auch etliche Ausnahmen, doch lässt sich dies als Tendenz festhalten.

In den ersten Wochen wachsen zunächst die Beine und Krallen. Die Flügel kommen erst später, da sie noch nicht so wichtig sind. Die langen Beine des Wüstenbussards sind daher schon im Alter von 2,5 Wochen gut entwickelt.

Falkner Benjamin Aschmann bei der Fütterung eines wenige Tage alten Chimangokarakaras.

Auch kann das Gelege je nach Nahrungsangebot schwanken, was sich bei Greifvögeln und Eulen bemerkbar macht. So kann beobachtet werden, dass in starken Mäusejahren das Gelege von Eulen um ein Vielfaches größer ist, als in mageren Zeiten. Kommt es zu einem Gelegeverlust oder herrscht eine sehr gute Nahrungsversorgung, ist es bei den meisten Arten möglich, dass das Weibchen ein Nachgelege produzieren kann.

Erstaunlich ist, dass die Eier der Greifvögel im Verhältnis zu ihrem eigenen Körpergewicht erstaunlich groß sind. Das fällt besonders bei kleinen Greifvögeln wie Falken auf. So beträgt das Gewicht des Geleges eines Turmfalkenweibchen fast 50 Prozent seines eigenen Körpergewichtes. Bei Adlern und Geiern fällt dies nicht so stark auf, hier sind es nur etwa fünf Prozent des eigenen Körpergewichtes.

DIE BEBRÜTUNG DES EIS

Da die Eigenwärme des Embryos zu gering ist, sorgen die Eltern für die optimale Bruttemperatur. Diese liegt etwa bei 37 Grad, wie die menschliche Körpertemperatur. Der Horst wird mit reichlich Dämmmaterial ausgelegt, um eine gute Isolierung zu erreichen.

In der Regel brütet das Weibchen, das stundenlang auf den Eiern sitzt und diese regelmäßig wendet, indem es vorsichtig mit dem Schnabel oder den Füßen arbeitet. Dadurch werden die Eier gleichmäßig gewärmt. Ein kleiner Nebeneffekt ist, dass die Kalkschale durch die gegenseitige Reibung etwas abgenutzt wird, was dem Küken den Schlupf später etwas erleichtern kann.

Während der Brutzeit wird das Weibchen vom Männchen mit Nahrung versorgt, das in ständigen Beuteflügen genügend Futter für zwei fangen muss. Bei der Futterübergabe wechseln sich die beiden Eltern oftmals ab und das Männchen übernimmt für diesen Moment die Bebrütung.

Nun dauert es einige Wochen, bis in dem Ei ein Küken heranwächst, das bereit ist, in die Welt zu treten. Kleine Arten wie Wanderfalken brüten etwa 32 Tage, wohingegen größere Arten wie Steinadler knapp über 40 Tage benötigen und Gänsegeier um die 50 Tage.

NESTLINGSZEIT UND EIGENSTÄNDIGKEIT

Für etwa zweieinhalb Monate bleibt das Küken im Horst, bis es groß genug ist, das Jagen selber zu lernen. Die jungen Adler sind nun flugfähig, doch fallen die Jagderfolge zunächst sehr dürftig aus. Daher bleiben sie noch für weitere drei bis sechs Monate im Revier der Eltern, von denen sie in dieser Zeit auch weiterhin gefüttert werden.

Die Eifolge und Geschwisterkonkurrenz

Die meisten größeren Greifvögel legen die Eier im Abstand von zwei oder drei Tagen. Durch diese zeitliche Versetzung schlüpfen die Küken in einem Abstand von mehreren Tagen und somit gibt es deutliche Größenunterschiede zwischen ihnen. Da die älteren Küken intensiver betteln können und durch ihre Stärke bevorzugt gefüttert werden, sind die jüngeren Geschwister oft deutlich benachteiligt und können sich folglich nicht so gut entwickeln. Teilweise werden diese auch von den älteren angegriffen und getötet. In der Natur passiert es daher häufig, dass nur eines der Jungen überlebt. Angelehnt an den biblischen Brudermord von Kain und Abel spricht man daher in der Ornithologie von »Kainismus«.

FÜTTERUNG

Der Muttervogel kümmert sich mit größter Aufmerksamkeit um seinen Nachwuchs. Sorgfältig werden kleine Futterstücke aus der Beute gerissen, die in kleinen Portionen an den Jungvogel gegeben werden. Das Küken ist anfangs noch sehr ungeschickt. Da es seinen Körper noch nicht gut beherrscht und der überproportional große Kopf so schwer ist, dass er immer etwas unkontrolliert hin- und herwackelt, legt es sich nach der Anstrengung direkt wieder hin. In dieser Phase wirkt das Küken noch etwas unbeholfen, aber irgendwie auch süß.

Mit zunehmendem Alter werden die Futterstücke immer größer und die Abstände zwischen den Fütterungen immer länger, bis die Jungvögel irgendwann so weit sind, auch selber die Beute zu zerkleinern.

Wenn die Jungvögel flügge sind, unternehmen sie ihre ersten Flugübungen, kehren aber immer in die Nähe des elterlichen Horstes zurück. Auch in dieser Zeit werden sie weiterhin von ihren Eltern mit Nahrung versorgt.

Bei bereits flugfähigen Jungwanderfalken kann die Fütterung ein spektakuläres Ereignis sein, denn es kommt vor, dass eines der Elterntiere ein Futterstück aus der Luft wirft und die Jungvögel diese im Flug greifen sollen. Hierbei geht es natürlich nicht mehr nur um die reine Nahrungsaufnahme, sondern vielmehr um ein Flugtraining und um die Vorbereitung auf die späteren Jagdflüge.

Der Steinadler

Greifvögel kümmern sich aufmerksam und intensiv um ihren Nachwuchs. Die meisten Adler bleiben ein Leben lang zusammen. Doch am Anfang eines jeden Vogellebens steht das Ei.

Am Anfang steht das Ei

Unscheinbar, vollendet und in seiner Einfachheit ein wahres Wunder: Ein Vogelei bietet Perfektion auf kleinstem Raum. Es steckt viel mehr Finesse darin, als wir im Alltag so annehmen. Viele Eigenschaften sorgen dafür, dass aus einer einfachen Kalkschale ein Mini-Lebensraum wird. Das Ei bietet bereits alles, um den Grundstein für die späteren Flugkünstler zu legen.

Anders als bei Säugetieren ist es so, dass Vögel Eier legen und dass das neue Leben nun außerhalb des Mutterkörpers heranwächst. Das Ei bietet dem Embryo eine schützende Hülle, in deren Inneren er mit allen lebensnotwendigen Nährstoffen versorgt ist, während er dort heranwächst.

Doch wie kann ein Küken in einer Kalkschale überhaupt atmen, wo doch Vögel wie wir über die Lunge atmen und ein Ei komplett verschlossen ist? Das stimmt auch, doch wenn Sie mal ein Ei genau anschauen, erkennen Sie, dass sich in der Kalkschale viele kleine Poren befinden. Dadurch kann Luft in das Innere gelangen und der Embryo nimmt den Sauerstoff über die Blutgefäße auf, während das Kohlendioxid nach außen abgegeben wird. Eine Haut im Inneren der Schale verhindert, dass Bakterien in das Ei eindringen.

Außerdem befindet sich an der stumpfen Seite des Eis eine Luftblase, die dem Küken als Luftreservoir dient. Die Luftkammer wird immer größer, weil Flüssigkeit aus dem Ei verdunstet. Gleichzeitig ernährt sich der Embryo vom Eigelb und Eiklar, die die nötigen Nährstoffe liefern. Wenn man das Ei durchleuchtet, lässt sich anhand der Größe der Luftkammer abschätzen, wie alt das Ei ist: Je größer die Luftkammer, desto älter ist das Ei.

Ein Steinadler erblickt das Licht der Welt

Es herrscht eine erwartungsvolle, magische Atmosphäre. Denn innerhalb der nächsten Stunden werden wir beobachten können, wie ein junger Adler das Licht der Welt erblickt. Er wird ein spannendes Leben führen, das Fliegen lernen und zu einem majestätischen Adler heranwachsen. Doch ob er jemals so weit kommen wird, bleibt zunächst nur zu hoffen. Denn der Schlüpfvorgang ist ein riskanter Moment und es kommt immer wieder vor, dass die jungen Tiere die ersten Stunden ihres Lebens leider nicht überleben.

Diese Mischung aus Neugierde, Hoffnung, Vorfreude und der Angst ergibt ein besonderes Gefühl. Gemeinsam mit dem Falkner und Teamleiter der Adlerwarte Berlebeck, Klaus Hansen, werde ich voller Aufmerksamkeit beobachten dürfen, wie gleich ein kleines Wunder passieren wird.

Es wird alles für den Schlupf vorbereitet. Das Ei stammt aus der Nachzucht eines Steinadlerpaares der Adlerwarte Berlebeck und wird vorsichtig unter einer Wärmelampe platziert. Eine Pinzette und Tupfer liegen bereit, denn sollte etwas schiefgehen, kann Klaus Hansen dem Jungvogel Unterstützung leisten.

Das Ei des Steinadlers liegt nun vor uns, in dieser schlichten, doch schönen Einfachheit. Eine weiße, mit braunen Punkten überzogene Schalenoberfläche. Doch das Ei liegt nicht einfach so da. Es piept! Tatsächlich, ... ein piependes Ei. Es liegt dort unter der Wärmelampe, und es piept erneut. Damit möchte das Küken Kontakt zu seiner Außenwelt aufnehmen. Und nicht nur das, denn nun beginnt das Ei, sich zu bewegen. Es rollt zentimeterweise über den Tisch, eine ganze Umdrehung hat es bereits gemacht. Es ist total niedlich, dieses Schauspiel zu beobachten. Denn wann sieht man schon mal ein piependes, über den Tisch rollendes Ei?

DAS SCHLÜPFEN BEGINNT

Es wird deutlich, dass der junge Adler bereit für die Welt ist. Er möchte heraus aus seinem Kalkgefängnis, das kann man förmlich spüren. Entwickelt der Adler eine Vorfreude auf das, was ihn in der Außenwelt erwartet? Er kennt sie noch nicht, wie soll er auch, doch man kann eine kleine, aufkeimende Energie spüren, die von diesem Ei ausgeht.

Nach einigen Sekunden, die mir schon jetzt wie eine aufregende Ewigkeit vorkommen, kommt das Ei wieder zur Ruhe. Geht es ihm gut? Sammelt er seine Kräfte? Mein Gefühl sagt mir, dass er wohlauf ist. Doch die Sekunden werden länger. Ohne Pieps, ohne Bewegung. Geht es ihm wirklich gut? Ich hoffe schon.

Und dann geht es wieder los, ein gedämpftes Piepen aus dem Inneren ertönt, als würde es »Hallo« rufen. »Ich besuche euch in eurer Welt, gleich bin ich bei euch.«

Und dann ist es so weit: Der junge Steinadler hat das Ei bereits leicht angepickt. Das macht er mit dem sogenannten Eizahn, einer kleinen Kalkspitze auf der Oberseite des Schnabels, doch davon sehen wir noch nicht viel. Mit seinem Schnabel kann er das Innere des Eis ankratzen und somit allmählich die Oberfläche durchbrechen.

DIE SCHALE BRÖCKELT

Es folgen immer wieder kleine Energieschübe, die das Ei in Bewegung bringen. Stück für Stück bröckelt die Oberfläche. Neugierig beobachten wir das Schauspiel – und tatsächlich: Schaut man genau hin, lässt sich bereits der kleine Schnabel erkennen. Dieser kleine graue Schnabel, der sich leicht öffnet, als würde er es genießen, zum ersten Mal frische Luft zu schnappen. Und das tut er auch, denn die Atmung setzt ein und man spürt, dass der Vogel deutlich aktiver wird. Mit einem leichten Lächeln im Gesicht bleibe ich aufmerksam hinter meiner Kamera und bin gespannt, was als nächstes passieren wird.

So ganz kann ich den Moment nicht fassen, diese Mischung aus Faszination und Bewunderung für dieses kleine Lebewesen, das schon jetzt eine so große Herausforderung meistern muss. Es scheint einen enormen Kraftaufwand zu erfordern, doch irgendwie spürt man, dass das Leben seinen Weg finden wird.

Der kleine Schnabel äußert weitere Pieptöne, doch dieses Mal sind sie etwas lauter und klarer, schließlich ist die Kalkschale bereits aufgebrochen. Wenn man genau hinschaut, sieht man, wie unter der Kalkschale die innere Schalenhaut, die Eihaut, zu sehen ist. Diese schützt den Vogel im Inneren vor Mikroorganismen, doch nun ist es an der Zeit, diese zu durchbrechen.

DER ERSTE GROSSE KRAFTAKT FÜR DAS KÜKEN

Es erfordert einige Anstrengungen, denn die Kalkschale ist recht dick und das Küken wohlgenährt, sodass es im Ei nur eine eingeschränkte Bewegungsmöglichkeit hat. In der Natur kann es vorkommen, dass die Küken dabei so starken Belastungen ausgesetzt sind, dass sie die Kalkschale nicht vollständig durchbrechen können und vor Erschöpfung im Inneren aufgeben und letztlich durch ein Kreislaufversagen sterben. Das ist ein trauriges Schicksal, doch leider kommt dies insbesondere bei einer zu dicken Eischale immer wieder vor.

Da unser junger Steinadler aber durch Klaus beobachtet wird, kann er ihm etwas helfen. Vorsichtig nimmt er eine Pinzette und löst mit chirurgischer Aufmerksamkeit kleinere Stücke der Schale. Dadurch kann er den Jungvogel bei seinem Schlupf etwas unterstützen. Natürlich ist besondere Vorsicht erforderlich, denn der Vogel darf sich nicht verletzen. Durch diese kleine Hilfestellung kann der Jungvogel einige Kräfte sparen, doch am Ende soll er das Schlüpfen selbst meistern.

Es ist nun deutlich zu erkennen, dass Adern die Eihaut durchziehen und damit für die Durchblutung sorgen. Vor dem Schlüpfen nimmt zwar die Blutaktivität ab, doch noch immer fließt Blut durch diese Adern. Sollten sie verletzt werden, kann der Jungvogel Blut verlieren. Im schlimmsten Fall würde das Küken sogar verbluten und das darf auf keinen Fall passieren. Deshalb ist es wichtig, dem Tier die Zeit zu lassen, die es benötigt, so wie es in der Natur auch der Fall wäre. Wir sehen uns als Beobachter, die das Naturschauspiel bewundern dürfen, im Fall eines Problems aber zur Stelle sind. Durch diese aufmerksame Hilfe konnte schon vielen der Tiere in der Adlerwarte Berlebeck das Leben gerettet werden, denn besonders in kritischen Situationen ist es gut, wenn direkt jemand unterstützen kann.

DAS KÜKEN BEFREIT SICH STÜCK FÜR STÜCK

Der Beginn des Schlüpfens liegt nun fast zwei Stunden zurück und das Küken scheint seine Kräfte zu sammeln. Die Eihaut ist dabei schon etwas angetrocknet, doch zwischendurch wird sie von Klaus immer mal wieder mit Wasser angefeuchtet, um sie elastisch zu halten und den Schlupf etwas zu erleichtern.

Es ist erstaunlich zu sehen, wie eingerollt der kleine Steinadler in dem Ei ist, und man fragt sich, wie er darin überhaupt Platz finden konnte. Nun wird auch der Eizahn deutlich sichtbar. Kaum zu glauben, mit dieser kleinen Spitze auf der Oberseite des Schnabels kann sich der Jungvogel von innen befreien, indem er immer wieder an der Innenseite der Kalkschale kratzt, bis diese dünn genug ist, um aufzubrechen. Durch regelmäßige Streckbewegungen bröckeln weitere Stücke der Schale ab.

Auch ein kleines Flügelchen wird nun sichtbar. Es scheint, als habe er es hinter seinen Kopf gelegt. Es ist noch schwer vorstellbar, dass diese kleinen Stummel in wenigen Wochen eine Spannweite von über zwei Metern haben werden und den Adler elegant und kraftvoll in die Lüfte tragen werden, wo sie doch jetzt noch so zerbrechlich wirken.

Zwischendurch wird immer wieder seine kleine Zunge sichtbar. Die Atmung wirkt sehr stabil und wir warten auf die nächsten kleinen Energieschübe. Seine Augen sind noch geschlossen und etwas bläulich, das ist aber normal. Es fällt auf, dass der Vogel aber nicht komplett nackt ist, sondern bereits ein dünnes Dungefieder besitzt. Auch wenn es noch sehr verklebt ist, wird es schnell trocknen und ihm als erster Wärmeschutz dienen.

Das Küken bemerkt, dass sich etwas geändert hat: die Helligkeit, die neue Bewegungsfreiheit, andere Geräusche von außen. Auf mich wirkt es so, als würde es die neuen Eindrücke als Ansporn nehmen weiterzumachen. Es piept alle paar Sekunden einmal zärtlich, atmet fleißig weiter und bewegt sich leicht rhythmisch. Und dann ist es so weit. Das Küken streckt sich, die Balance ändert sich, das Ei rollt leicht auf die Seite und das Küken schlüpft hinaus.

GESCHAFFT!

Der Kopf ist bereits vollständig draußen und das Küken sieht gesund aus. Eine große Erleichterung macht sich breit. Es ist super entwickelt und es scheint ihm tatsächlich gut zu gehen.

Das Hinterteil bleibt zunächst weiterhin im Ei. Das ist wichtig, denn das Küken benötigt Ruhe und muss sich erholen. In dieser Position wird es für etwa einen Tag liegen bleiben. Der Blutkreislauf läuft noch über die Adern in der Eihaut. Doch diese Aktivität wird nun reduziert, bis sich das Küken vollständig davon lösen kann Es bereitet sich nun auf die nächste Etappe vor.

1

2

3

4

5

1 Das Ei rollt umher und piept. Das Küken hat die Schale bereits angepickt und kann seine ersten Atemzüge außerhalb der Eischale nehmen.

2 Mit dem kleinen Schnabel hat das Küken die Eischale von innen angekratzt, um sie dann mit Streckbewegungen zu öffnen und sich daraus zu befreien.

3 Das Küken ist perfekt eingerollt in seinem Mini-Lebensraum und füllt jeden Zentimeter aus. Daher wird es Zeit zum Schlüpfen.

4 Neben dem Kopf ist schon sein kleiner Flügel sichtbar. Auch ist bereits das erste Dunengefieder entwickelt, auch wenn es noch etwas feucht ist.

5 Mit einer ruckartigen Bewegung kann sich das Küken befreien. Regelmäßig sammelt es seine Kräfte für die nächste Etappe.

Mithilfe des Eizahns, einer kleinen Kalkspitze auf der Oberseite des Schnabels, kann das Küken die Eischale öffnen. Nach dem Schlüpfen hat der Eizahn ausgedient und nutzt sich ab.

GROSSE ERLEICHTERUNG

In einer kleinen Kiste, die mit weichem Papier ausgelegt ist, bekommt das Küken einen kurzfristigen Ersatzhorst. Darin liegt es bequem und etwas fixiert, umgeben von den schützenden Seiten. Es ist wichtig, dass es sich auf natürliche Weise aus dem Ei befreit. Denn sollte es das Ei zu schnell abstrampeln und dabei eventuell eine Ader verletzen, könnte das Küken verbluten.

Doch daran wollen wir erst einmal nicht denken. Jetzt, wo der kritischste Teil überstanden ist, wird mir erst bewusst, wie anstrengend allein die Beobachtung war. Die Kamera immer im Anschlag, das Wechselbad zwischen Anspannung und Faszination, Ehrfurcht und Neugierde, hat uns zu schaffen gemacht. Über sechs Stunden hat der Prozess bis jetzt gedauert. Doch dass tatsächlich sechs Stunden vergangen sind, haben wir nicht gemerkt, wir waren völlig versunken in der Situation. Es ist etwas total Besonderes, einen Adler beim Schlüpfen beobachten zu können und ich bin dankbar, dass ich diese Erfahrung machen durfte. Es ist wirklich ein kleines Wunder, was da passiert. Und ich bin gespannt, wie es weitergeht ...

24 Stunden später

DAS SCHLÜPFEN GEHT WEITER

Der junge Steinadler ist wohlauf. Gefressen hat er bisher noch nichts, aber das brauchte er auch nicht. Die Reste des Eidotters, die sich im sogenannten Dottersack in seinem Bauchbereich befinden, bieten dem Küken genügend Energiereserven für den ersten Tag. Hiervon kann es in den ersten 24 Stunden zehren, bis es zum ersten Mal gefüttert werden muss.

Das Küken hat seinen Blutkreislauf mittlerweile vollständig von den Adern in der Eihaut gelöst und ist eigenständig lebensfähig. Nun kann es sich vollends aus seiner vertrauten Schale befreien. In langsamen Bewegungen schiebt es sich aus der Schale und strampelt sich frei. Man erkennt schon die kleinen Krallen. Sie sind noch sehr zart, doch schon vom ersten Tag an sind sie deutlich ausgeprägt.

In der Natur benötigt ein Steinadler bis zu 48 Stunden, um sich aus der Kalkschale zu befreien. Noch ist er schutzlos, doch eines Tages wird er der König der Lüfte sein.

Unter einer Wärmelampe kann das Küken schlüpfen. Wir beobachten das Naturschauspiel und können bei Komplikationen helfend zur Seite stehen.

Das Schlüpfen eines Vogels wirkt wie ein kleines Naturwunder.

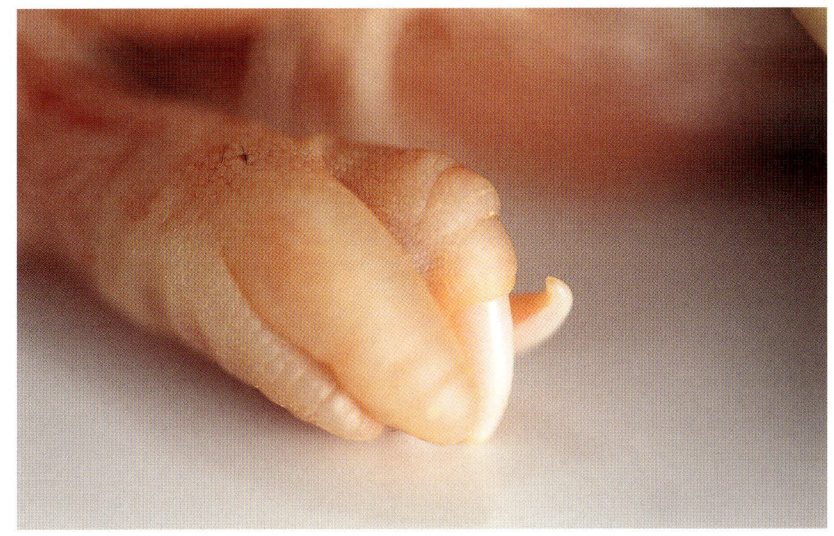

GANZ LINKS: Das Schlüpfen stellt einen riesigen Kraftakt dar. Regelmäßig sammelt es seine Kräfte, um in neuen Energieschüben den Schlupf fortzusetzen.

LINKS: Schon beim Schlüpfen sind die Krallen deutlich entwickelt. Sie wachsen in den ersten Wochen besonders schnell.

UNTEN: Das Küken hat die Eischale vollständig abgestrampelt. Es muss gut gewärmt werden, damit es nicht unterkühlt.

Die Eischale muss stark genug sein, um Belastungen wie dem Gewicht des brütenden Elternvogels standzuhalten. Trotzdem muss sie so dünn sein, dass sich das Küken selbst befreien kann.

Der Steinadler ist bereits eine Woche alt, doch schaut er noch etwas müde aus. Er muss die Eindrücke seiner neuen Umwelt noch verarbeiten.
Beim Schlüpfen wiegt er gerade einmal 85 Gramm. Schon innerhalb weniger Wochen wird sich sein Gewicht verfünfzigfachen. Vom Zeitpunkt des Anpickens braucht das Küken manchmal bis zu 48 Stunden, um sich ganz aus der Schale zu befreien.

Nach 1 Woche

FRESSEN, SCHLAFEN, FRESSEN, SCHLAFEN

Nach dem Schlüpfen wiegt das Küken nur 85 Gramm. Schon in wenigen Wochen wird sich sein Gewicht verfünfzigfachen.

Es sind nur sieben Tage seit dem Schlüpfen vergangen und ich habe das Gefühl, den jungen Steinadler schon nicht mehr wiederzuerkennen. Wo er noch kurz zuvor ein eingerolltes Küken war, ist so langsam erkennbar, dass es sich um einen Greifvogel handelt. Seine Augen sind schon lange geöffnet, der Schnabel ist gekrümmt und entwickelt sich bereits sehr schnell. Das Küken hebt schon neugierig seinen Kopf und durch zarte Piepstöne beginnt es, nach Nahrung zu betteln. Es kann seine Umgebung bereits aufmerksam wahrnehmen, auch wenn man spürt, dass es seine Eindrücke noch nicht ganz einordnen kann.

In der Natur würde die Mutter nun mundgerechte Fleischstückchen aus der Beute reißen und sie dem Küken anbieten. Es ist sehr hungrig, benötigt aber immer nur kleine Portionen. Etwa sechs- bis siebenmal wird es nun täglich gefüttert. Seine ersten Tage bestehen eigentlich nur aus Essen und Schlafen.

Gelegentlich richtet sich das Küken auf, doch noch ist es zu schwach, um seinen Körper dauerhaft aufrecht zu halten. Schon einen kurzen Moment später legt es sich wieder hin. Doch für sein Alter von nur einer Woche hat es einen riesigen Wachstumsschub gemacht.

DAS DUNENKLEID WÄCHST WEITER

Das Küken trägt nun ein vollständiges Dunenkleid. Es ist weiß und sehr flauschig. Die Dunen sind keinesfalls zum Fliegen da, sondern einzig zum Schutz des Körpers vor Wärmeverlust. Wie bei fast allen Greifvögeln sind die Küken zunächst komplett weiß. Warum das so ist, ist nicht ganz klar, denn eine gute Tarnung haben sie damit nicht. Doch werden sie die meiste Zeit von ihren Eltern beschützt.

Immer wieder versucht das Küken sich aufzurichten. In unbeholfenen und wackelnden Bewegungen setzt es sich hin. Dabei fällt auf, wie lang der Hals schon geworden ist. Doch einen kurzen Moment später fällt es wieder erschöpft auf seinen Bauch. Der Kopf scheint noch zu groß für seinen Körper zu sein.

Besonders die ersten Lebenstage sind für den Greifvogel die gefährlichsten. Er ist sehr schwach, frisst langsam, schläft immer wieder ein und ist im Allgemeinzustand noch sehr fragil. Wenn die ersten zehn Tage geschafft sind, ist die erste kritische Phase überstanden.

Nach 2 Wochen

DAS ZWEITE DUNENKLEID WÄCHST

Zwischen der ersten und zweiten Lebenswoche beginnt das zweite Dunenkleid zu wachsen. Es ist rahmfarben und dichter als das erste Dunenkleid. Erkennbar wird dies im Halsbereich, wo es noch etwas zottelig wirkt. Es wird aber länger und dichter als das erste.

Mittlerweile frisst der junge Steinadler etwa 300 Gramm Fleisch am Tag, aufgeteilt auf vier bis fünf Mahlzeiten.

Seine Fänge färben sich vom anfänglichen Rosa in einen dunklen Gelborange-Ton. Gerade zu Beginn des Wachstums sind sein Kopf und sein Schnabel sowie der Bauch relativ groß, denn das sind die wichtigsten Hilfsmittel, um genügend Nahrung aufzunehmen, die Nährstoffe zu verarbeiten und damit ein schnelles Wachstum möglich zu machen.

Seine Beine und Flügel sind verhältnismäßig klein, da sie in der Anfangszeit noch kaum eine Funktion haben. Doch hier wird er in wenigen Wochen riesige Schübe machen.

Der Blick ist noch sehr schläfrig und im Allgemeinen ist der Jungvogel sehr ruhig und unbeholfen. Vereinzelte Energieschübe bringen ihn dazu, sich kurzzeitig hinzusetzen, nur um dann wenige Sekunden später wieder plumpsartig hinzufallen. Auch jetzt liegt er die meiste Zeit auf dem Bauch. Das spart Kräfte, versteckt ihn in der Natur besser vor Fressfeinden und ist für den jungen Vogel die bequemste Haltung.

Die meiste Zeit liegt das Küken auf seinem Bauch. Doch schon im jungen Alter von zwei Wochen verschlingt es bis zu 300 Gramm Fleisch am Tag. Durch die flache Liegehaltung kann sich das Küken in der Natur besser im Horst verstecken.

Nach 3 Wochen

DER STEINADLER SETZT SICH

Neugierig blickt der junge Steinadler umher. Er nimmt jetzt seine Umgebung viel aufmerksamer wahr und sein Blick wird aufgeweckter. Sein Rufen ist kurz und hoch, aber lebhaft. Das freut mich zu sehen und zeigt, dass er sich prächtig entwickelt.

Sein Dunenkleid ist mittlerweile sehr flauschig und er sitzt viel häufiger aufrecht als noch vor wenigen Tagen. Seine Beine sind noch zu schwach, um darauf stehen zu können, daher sitzt er auf seinen Fersen und beobachtet neugierig sein Umfeld. Trotzdem wachsen seine Beine und vor allem seine Fänge enorm schnell, denn diese sind für ihn in der Anfangszeit deutlich wichtiger als seine Flügel. Wenn man genau hinschaut, erkennt man aber schon, wie sich die ersten Federkiele an den Seiten seiner Flügel entwickeln. Das werden später mal seine Schwungfedern, die ihm erst das Fliegen ermöglichen werden.

Auffällig finde ich auch, dass sich der Blick des Steinadlers etwas verändert hat. Schaut er jetzt böser? So wirkt es zumindest, doch ist das nicht wirklich der Fall. Denn oberhalb seiner Augen bildet sich schon in jungen Tagen die Supraorbitale. Das ist ein Knochenschild über den Augen, das sie vor Verletzungen schützen soll. Die Augen gehören zu den wichtigsten Sinnesorganen eines Greifvogels, daher entwickelt sich dieser Schutz schon recht früh.

Es ist schön zu sehen, wie sich der Greifvogel entwickelt, und erstaunlich, wie schnell diese Entwicklungsschübe passieren.

GANZ LINKS: Nach drei Wochen ist der Steinadler in der Lage, seinen Körper aus eigener Kraft aufzurichten und langfristig so zu halten. Nun verbringt er die meiste Zeit im Sitzen. Schon jetzt erkennt man, dass wir es bei diesem Küken nicht mit einem Kuscheltier, sondern mit einem Adler zu tun haben.

LINKS: Er nimmt die Umgebung bereits sehr aufmerksam wahr. Am vorderen Hals sieht man schon deutlich das zweite rahmfarbene Dunengefieder.

Nach 4 Wochen

DAS JUGENDKLEID SPRIESST

Ab einem Alter von vier Wochen beginnt für den Steinadler eine optische Verwandlung. Sein weißes Dunengefieder wandelt sich zu einem dunklen Federkleid, dem sogenannten Jugendgefieder. Diese Federn schützen den Körper besser und ermöglichen ihm später das Fliegen. Doch das Wachstum beginnt erst jetzt, daher ist von dieser Verwandlung noch nicht viel zu sehen. Auffällig ist aber, wie dicht das Dunengefieder mittlerweile ist. Es wirkt fast wie Wolle und ist richtig flauschig. Durch das starke Federwachstum hat der Steinadler nun die Fähigkeit, seine Körpertemperatur selber zu regulieren. Auch ist erkennbar, dass seine Flügel beginnen, größer zu werden.

Besonders stark fällt sein Wachstum vor allem an seinen Krallen auf. Sie sind sehr lang, stark gebogen und extrem spitz. Seine Fänge machen in den ersten Wochen riesige Schübe, sodass sie mittlerweile schon fast ihre finale Größe erreicht haben. Wie beim Hundewelpen erscheinen sie in Relation zum Körper zu groß zu sein. Seine gestreckten Zehen sind quasi die Entspannungshaltung. Doch bislang sitzt der junge Steinadler noch immer ruhig auf seinem Hinterteil und beobachtet seine Umgebung, ohne wirklich aktiv zu werden.

Schon im jungen Alter von vier Wochen sind die Krallen des Steinadlers enorm stark ausgeprägt.

»Böser Blick«: Über den Augen wächst ein Knochenschild, das dem Auge als weiterer Schutz dient.

Nach 5,5 Wochen

ERSTE SCHRITTE

Immer mehr dunkle Federn ersetzen das Dunengefieder und leiten eine Verwandlung vom Küken zum Jungvogel ein. Entspannt wie immer sitzt er herum, doch irgendetwas scheint heute anders zu sein. Der junge Steinadler wirkt aktiver, aufgeweckter und neugieriger. Er schaut nach links, nach rechts, an sich herab und dann passiert etwas Besonderes: Ein kleiner Schwung seines Körpers bringt ihn auf seine Beine. Tatsächlich. Er steht.

Im Alter von etwa fünf Wochen ist der Steinadler durch das dichte Dunengefieder in der Lage, seine Körpertemperatur selbst aufrechtzuerhalten. Er muss nicht mehr von den Eltern gehudert werden.

▷

Die Verwandlung beginnt: vom unscheinbaren Küken zum König der Lüfte.

◁

LINKS: Im Alter von 5,5 Wochen sind an den Flügeln bereits die ersten dunklen Federn des neuen Jugendgefieders erkennbar.

OBEN: In der Anfangszeit wachsen die Krallen überproportional schnell, sodass sie schon im jungen Alter sehr mächtig wirken.

Die ersten Schritte des 5,5 Wochen alten Steinadlers sind etwas unbeholfen, doch sind sie ein wichtiges Training für die Beinmuskulatur.

Der Schnabel wächst sehr schnell, da er in der Anfangszeit das wichtigste Werkzeug ist. Der Steinadler kann immer größere Fleischstückchen fressen, die er auch zunehmend selbst zerkleinert.

Es wirkt, als sei er selber etwas verwundert über diese spontane Positionsänderung, doch ist es für den jungen Greifvogel die nächste logische Entwicklungsstufe: vom sitzenden Nestling zu den ersten Beinübungen.

Er ist sehr wackelig auf den Beinen, macht zwei bis drei patschige Tritte in die Luft und fällt locker zurück auf seine Fersen. Mit seinen Flügeln kann er sich noch leicht abstützen, bis er schließlich seine gewohnte Sitzposition einnimmt. Immer wieder wird er sich nun auf die Beine stellen und balancieren. Das stärkt seine Beinmuskulatur und seinen Gleichgewichtssinn. Es war nur eine kleine Überwindung, doch nun hat der junge Steinadler eine wichtige Lehre für sein Körperbewusstsein entwickelt.

Die Beine und Krallen sind fast vollständig ausgebildet. Schon bald werden seine Flügel große Wachstumssprünge machen.

Nach 7 Wochen

DIE FLÜGEL WERDEN KRÄFTIGER UND KRÄFTIGER

Unser Steinadler wird Woche für Woche dunkler und er nimmt immer mehr sein Jugendgefieder an. Besonders gut zu beobachten ist das Federwachstum an seinen Schwanzfedern. Sie werden dem Steinadler später beim Fliegen als Steuer und Bremse dienen, doch zum jetzigen Zeitpunkt sind sie noch voll im Wachstum.

Interessant ist die Art und Weise, wie Federn wachsen. Denn diese werden durch eine Art Hülle, ähnlich einem Strohhalm,

Die Federn wachsen in einer Art Hülle, die sich nach und nach auflöst und die vollständig entwickelte Feder freigibt. Diese Verwandlung passiert zum Großteil zwischen der siebten und neunten Woche.

hinausgeschoben. Diese Hülle wird auch »Federscheide« genannt. Täglich wachsen die Federn auf diese Weise um mehrere Millimeter und können sich darin voll entwickeln. Irgendwann platzen diese Hüllen auf, lösen sich und geben damit die Schönheit der Feder frei.

Besonders in dieser Übergangszeit sieht das Gefieder sehr chaotisch aus, denn die nun wachsenden Konturfedern erscheinen an denselben Stellen, an denen vorher die Dunen sitzen. Dadurch werden die Dunen herausgeschoben und ersetzt. Teilweise kann es daher so aussehen, als habe der junge Adler mit einer Pusteblume gekämpft. In dieser Phase ändert sich sein Gefieder rasend schnell und sein Erscheinungsbild wird Tag für Tag immer dunkler.

Das Federwachstum scheint den jungen Adler zu jucken und so kratzt er sich häufig und reinigt und sortiert seine Federn. Doch das ist ein gutes Zeichen, denn die Gefiederpflege des Greifvogels ist ein Zeichen der Entspannung und Gelassenheit.

Inzwischen steht der junge Steinadler immer stabiler auf seinen Beinen und setzt sich nur noch gelegentlich auf seine Fersengelenke um auszuruhen.

Auffällig ist, dass seine Flügel mittlerweile große Wachstumsschübe gemacht haben, denn die Federkiele der Schwungfedern sind bereits durchgebrochen. Der junge Adler ist zwar noch bei Weitem nicht flugfähig und weiß nicht, wie er seine Flügel einsetzen soll, doch wöchentlich werden die Flügel immer größer und kräftiger. Schon bald wird die Phase kommen, in der er sich selbst trainieren wird.

Woche 7: Das Federwachstum kann schon einmal jucken, doch mithilfe des Schnabels kann sich der junge Steinadler kratzen. Die regelmäßige Gefiederpflege gehört zum täglichen Ritual.

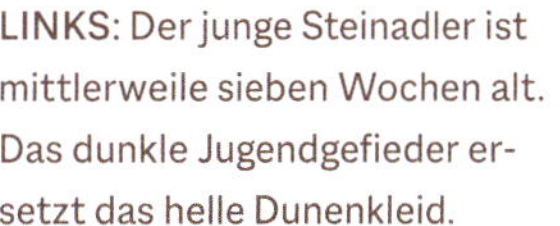

LINKS: Der junge Steinadler ist mittlerweile sieben Wochen alt. Das dunkle Jugendgefieder ersetzt das helle Dunenkleid.

UNTEN: Das Gefieder wird täglich dunkler, das Wachstum geht rasend schnell. Auch steht der Jungadler immer sicherer auf den Beinen und ist deutlich mobiler.

Nach sieben Wochen: Die Federkiele der Schwungfedern sind deutlich sichtbar. Diese Federn werden ihm später das Fliegen ermöglichen, da sie die »Tragflächen« des Flügels bilden.

Neugierig beobachtet der junge Steinadler sein Umfeld. Auch wenn er schon recht erwachsen wirkt, ist er doch erst neun Wochen alt und im Grunde ein »Kind«. Doch der Kopf wirkt schon ganz anders als noch vor zwei Wochen, als er fast komplett weiß bedunt war.

Nach 9 Wochen

DIE VERWANDLUNG

Im Alter von 63 Tagen ist er kaum noch wiederzuerkennen. Sein Gefieder ist vollständig braun gefärbt. In diesem Alter sind Steinadler körperlich so weit entwickelt, dass sie flugfähig sind. Der Vogel ist »flügge«. Er begibt sich in der näheren Umgebung des Horstes auf Erkundungstouren und wird deutlich selbstständiger. Immer häufiger schlägt er mit seinen Flügeln und trainiert dadurch sein Gleichgewicht.

Die zahlreichen, noch leicht unkontrollierten Flügelschläge wirken niedlich, da der Steinadler wild mit den Flügeln schlägt, ordentlich Luft aufwirbelt, aber doch kein Stückchen abhebt. Aber das muss er auch noch nicht, denn das kann wirklich gefährlich werden. In der Natur brüten Steinadler mitunter an hohen Felswänden oder in Bäumen und ein etwas verfrühter Flugversuch würde in einer tragischen Bruchlandung enden und kann zum Tod des Adlers führen. Hier in der Adlerwarte,

Der erste Flug

Auch wenn der Adler erst neun Wochen alt ist, hat sein Blick nichts mehr mit dem eines Kükens zu tun.

vor dem weißen Papierhintergrund auf Bodenhöhe, ist die Gefahr zu vernachlässigen, doch Instinkt ist Instinkt. Daher wird der Steinadler zwar immer neugieriger, doch bleibt er fast stets auf der gleichen Stelle.

Die zahlreichen Flügelschläge sind also ein wichtiges Training und stärken die Entwicklung und den Aufbau seiner Brustmuskulatur. Der Adler macht schnelle Fortschritte und gewinnt ein immer besseres Körpergefühl. Es ist erstaunlich, welche Kraft der Steinadler schon jetzt in seinen Flügeln hat und wie viel Wind er damit auslösen kann.

Aber die Windstöße sind beim Fotografieren sehr angenehm, an diesen warmen Sommertagen Anfang Juli ...

Der junge Steinadler trainiert sich selbst. Er lernt spielerisch das, was er später in der Natur braucht, um seine Beute zu fangen. So kann es vorkommen, dass der junge Adler Jagd auf Blätter und kleine Stöcke macht, dabei wild mit den Flügeln schlägt, umherspringt und mit seinen Fängen kräftig zupackt.

Das ist total interessant zu beobachten und ich bin gespannt, wie es weitergeht. Wird er sich heute seinen ersten Flug zutrauen? Das wird sich zeigen, doch so ganz bereit scheint er noch nicht zu sein. Mit ausgestreckten Flügeln stürmt er in vollem Lauf über die Wiese. Das ist niedlich anzusehen, es scheint, als wolle er damit dem Gefühl des Fliegens etwas näher kommen. Doch einem echten Flug sieht das so gar nicht ähnlich, eher wie ein Kind, das auf der Wiese so tut, als sei es ein Flugzeug. Das wird dem Adler nicht ganz gerecht, aber vielleicht ist es auch eine wichtige Vorstufe für seine Flugübungen. Der Wind weht leicht, das Wetter ist trocken, eigentlich gute Bedingungen für einen ersten Flugversuch.

In der Natur ist es oft so, dass sich die Jungvögel an den älteren Tieren orientieren. Da unser Steinadler von Hand aufgezogen wird, ist ihm das nicht ohne Weiteres möglich, daher stelle ich mir die Frage: Wie kann ein Adler ohne Altvogel das Fliegen überhaupt erlernen? Denn vorwegfliegen kann der Falkner eher schlecht. Aber das Fliegen ist tief im Vogel verwurzelt, eine Art Urinstinkt. Der Vogel muss sich trainieren und irgendwann trauen, einfach loszufliegen.

ERSTE VERSUCHE

Es vergehen zwei Stunden des Spielens und Tollens. Aufgeregt und leicht verwundert über seine eigenen Fähigkeiten springt der Steinadler über die Wiese, greift nach Blättern und Stöcken und flattert wild mit seinen Flügeln. Und dann setzt er an zu einem großen Sprung: Durch einen kräftigen Flügelstoß kann er sich in die Höhe heben und landet auf einem Felsen. Man würde noch nicht von einem Flug sprechen, doch war es ein erster großer Schritt dahin.

Nun steht er auf dem Felsen und dreht sich frontal zum Wind. Seine Flügel ausgestreckt, balanciert er seinen Körper. Der Wind wird etwas stärker und der Adler merkt, dass hier etwas mit seinem Körper passiert. Die Flügel eines Vogels sind so geformt, dass ihre Oberseite stärker gebogen ist als die Unterseite und die Vorderseite dicker ist als die spitz zulaufende Hinterkante. Die Luft strömt daher an der Oberseite eines Flügels schneller als an der Unterseite, was einen Auftrieb erzeugt und den Flügel nach oben zieht. Die Menschen haben sich dieses Prinzip für

Das Jugendgefieder ist fast vollständig ausgebildet. Im Alter ab etwa zehn Wochen absolvieren die Jungvögel ihre ersten Flugversuche. Nach weiteren fünf Monaten verlassen sie das elterliche Revier.

▷

Das Fliegen ist ein Urinstinkt. Der Vogel wird sich einfach trauen loszufliegen.

◁

LINKS: Nach etwa 80 Tagen sind Steinadler flugfähig. Die Flugtechniken erlernen die Jungvögel von den Eltern.

OBEN: Unschuldiger Blick? In der Natur kommt es vor, dass das älteste Junge seine jüngeren Geschwister vor allem bei Nahrungsknappheit tötet.

den Bau von Flugzeugtragflächen abgeschaut, doch das wird unseren Steinadler nicht interessieren.

Er ist gerade dabei, sich im Wind auszurichten und seine Flügel voll auszustrecken. Allein durch die Windböen und den Auftrieb der Flügel hebt er teilweise mehrere Zentimeter ab. Auch wenn er nicht aktiv mit seinen Flügeln schlägt, bekommt er ein Gefühl dafür und spürt zum ersten Mal, was es bedeutet abzuheben.

Immer wieder fliegt er zentimeterweise hoch, gleitet leicht auf der Stelle, teilweise wie auf Zehenspitzen, und landet wieder. Neugierig trainiert er weiter. Das sind wertvolle Erfahrungen, die er hier machen darf. Richtig geflogen ist er bisher noch nie, doch man spürt, dass es bis dahin nicht mehr lange dauern wird.

DIE SPANNUNG STEIGT

Dann setzt er an zu einem großen Sprung. Mit kräftigen Flügelschlägen gleitet er vom Felsen hinab. Er flattert wild, doch er verliert schnell an Höhe und landet auf der Wiese. Die Landung war noch etwas unbeholfen, doch auch das wird er schon bald perfekt beherrschen.

Zu Fuß läuft er weiter durch die Adlerwarte und begibt sich auf die andere Seite der Anlage. Von dort aus blickt er ins Tal und gewöhnt sich schon einmal an die Höhe. Wird er von hier einen weiteren Flugversuch starten?

Ruhig steht er dort, als würde er nachdenken. Oder seine Kräfte sammeln. Es ist schwer sich vorzustellen, wie viel Überwindung der Sprung kosten würde. Vor ihm geht es einen steilen Hang hinunter, schätzungsweise einhundert Höhenmeter. Was denkt ein Adler in diesem Moment? Hat er ein Gefühl für diese Höhe, oder ist da ein tieferer Instinkt, der ihn diese Höhe vergessen lässt? Ein Adler mit Höhenangst wäre wohl etwas ungewöhnlich, doch wird er uns seine Gefühle nicht mitteilen können. Konzentriert steht er nun am Berg, den Blick ruhig ins Tal gerichtet. Der Wind wird wieder stärker und es wirkt, als sammle unser Steinadler seine Kräfte. Er wirkt sehr selbstbewusst, aber wird er sich auch trauen, in die Tiefe zu springen?

Er wartet einen kurzen Moment, hält inne und dann ist es so weit: Mit einem kräftigen Satz springt er nach vorne, streckt seine Flügel aus und gleitet davon. Jetzt macht er sich auf, zu seinem ersten Mal als »Himmelsstürmer«.

ES IST SO WEIT

Der Steinadler ist bereit, die Lüfte zu erobern. Einige schnelle Flügelschläge bringen ihn nach vorne, auf eine sichere Entfernung zum Berghang. Er öffnet seine breiten Flügel und balanciert seinen Körper im Wind. Was muss das bloß für ein Gefühl sein, nach mehreren Wochen am Boden endlich abzuheben?

Immer wieder schlägt er mit seinen Flügeln, um kurz etwas Höhe aufzubauen und anschließend weiter zu gleiten. Gespannt und mit voller Aufmerksamkeit beobachten wir seinen Flug. Man spürt, dass Adler dazu gemacht sind zu fliegen!

Benny ist stolz auf seinen Schützling. Eine Erleichterung macht sich breit. Der Adler ist gesund, seine Entwicklung ist super verlaufen und nun ist er davongeflogen. Nach mehreren Hundert Metern Flug gleitet er immer tiefer ins Tal. Noch hat er nicht genügend Kraft, den Berg wieder hinaufzufliegen und nicht genügend Erfahrung, den Wind oder die Thermik für sich zu nutzen. Doch auch das wird er schon bald erlernen. Aus der Ferne können wir beobachten, wie er im Dorf auf einer Wiese landet. Sicher muss er diese Eindrücke erst einmal verarbeiten, doch schon bald wird er sicher zu seinem nächsten Flug ansetzen.

Zehn Wochen alt: Der Jungvogel sammelt seine Kräfte für die nächsten Flugübungen. Etwas erhöht stehend kann er den Wind für sich nutzen.

GRENZENLOSE FREIHEIT

Für uns geht ein aufregender Tag zu Ende. Es war ein großes Privileg, diese Erfahrung mit dem Steinadler teilen zu dürfen. Der erste Flug eines Adlers ist immer etwas Besonderes. Auch mir wird klar, was es bedeutet: Wenn Greifvögel fliegen, sind sie vollkommen frei. Ob sie stundenlang in der Thermik kreisen, zurück zur Hand des Falkners fliegen oder für immer davonfliegen, das entscheiden allein sie. Die Tiere sind in ihrem Element und das ist das Fszinierende. Keiner kann sie zwingen zurückzukehren. Und doch tun sie es und zwar gern. Es gibt eine starke Bindung zwischen dem Vogel und seinem Falkner, ein inspirierendes Vertrauen auf Augenhöhe, das mich so begeistert. Der Greifvogel kommt gern zurück, denn der Falkner, die gute Versorgung der Tiere und die bekannte Landschaft geben ihm das Gefühl, dass er in der Adlerwarte zu Hause ist.

1

2

3

4

5

ERSTE FLUGÜBUNGEN AUF DER WIESE IN DER ADLERWARTE

1 Der junge Steinadler ist erst zehn Wochen alt und deshalb wie ein neugieriges Kind, das seine Umgebung erkundet und endlich fliegen können möchte ...

2 Durch spielerische Sprünge trainiert der Jungadler seine Flugmuskulatur.

3 Dieser Sprung war schon ganz schön hoch.

4 Ob es wohl von weiter oben besser geht?

5 Der Wind steht gut: Also Flügel ausgebreitet und Anlauf genommen – jetzt muss es doch mal klappen!

Steinadler beeindrucken den Beobachter durch ihren Anmut und ihre elegante Erscheinung.

Ein ausgewachsener Steinadler blickt neugierig in die Kamera. Besonders das »Kindesalter« ist bei Greifvögeln die gefährlichste Phase.

Der Steinadler im Porträt

In Deutschland sind vier Adlerarten heimisch und einer davon ist der Steinadler. Er zählt hier mit zu den mächtigsten Greifvögeln und kann im Alpenraum beobachtet werden. Sein Lebensraum erstreckt sich über Nordamerika, Nordafrika, Asien und Europa. Seine Verbreitung in Europa betrifft zwei große Bereiche: zum einen Gebirge wie die Alpen, Karpaten, Pyrenäen, die Balkanländer oder das Zentralmassiv, zum anderen aber auch die Gebirge im Norden wie beispielsweise das Schottische Hochland und in Skandinavien. Durch seine Größe von bis zu 230 Zentimeter Spannweite bietet er eine imposante Erscheinung und ist nach dem Seeadler der größte in Deutschland brütende Greifvogel.

EIN ÄUSSERST KRÄFTIGER JÄGER

Im Hochgebirge kommen Steinadler an steilen Wänden und Hängen vor und jagen dort am liebsten über der Waldgrenze. Dabei jagen sie meist im bodennahen Flug und versuchen ihre Beute auf kurze Distanz zu überraschen, indem sie verschiedene Deckungen ausnutzen und schließlich zum Stoßflug ansetzen.

Zu seiner Hauptbeute gehören Murmeltiere, Raufußhühner wie Auerhühner oder Schneehasen. Aber auch junge Gämsen, Füchse, Dachse und Luchse werden gejagt. Oftmals erlegt der Steinadler Tiere, die schwerer sind als er selbst. Er fängt Beutetiere von bis zu 15 Kilogramm, was mehr als das Doppelte seines eigenen Körpergewichts sein kann. Daher galten Steinadler im Mittelalter als Symbol für Kraft und Macht und schmücken die Wappen zahlreicher Städte und Länder.

NACHWUCHS UND GESCHWISTERKAMPF

Für seinen Horst benötigt der Steinadler einen freien Anflug, weshalb er sie meist an steilen Wänden im Gebirge errichtet. Ein Steinadlerpaar bleibt oft ein Leben lang zusammen und seinem Revier sehr treu, das das Paar auch vehement gegen Artgenossen verteidigt. Vor Brutbeginn können Steinadler an mehreren Horsten bauen, bis sie sich für einen entscheiden. Da sie ihren Horst dann jahrelang nutzen und ständig erneuern und ausbauen, kann ein Steinadlerhorst bis zu drei Meter Durchmesser und zwei Meter Höhe erreichen.

Ende März oder Anfang April legen die Steinadlerweibchen im Abstand von drei bis vier Tagen je ein Ei, insgesamt zwei bis drei. In dieser Zeit brütet hauptsächlich das Weibchen, dabei wird es vom Männchen mit Nahrung versorgt.

Nach etwa sechs Wochen schlüpfen die Küken im Abstand von etwa zwei Tagen. Da das Weibchen direkt mit dem Legen des ersten Eis mit der Bebrütung beginnt, hat das ältere Küken einen Größenvorteil. Es kommt zu starken Geschwisterkämpfen, bei denen in 80 Prozent der Fälle das jüngste der Küken nicht überlebt. Nur bei einem guten Nahrungsangebot in der Natur ist es wahrscheinlich, dass alle Küken überleben. Im Lauf des Juli werden die jungen Adler flugfähig, bleiben aber bis zum Ende des Jahres im Revier der Eltern.

Steinadler sind streng geschützt und ihr größter Feind ist der Mensch. So bevorzugen sie abgelegene Gebiete und haben sich in Deutschland komplett in gebirgige Regionen zurückgezogen. Dort leben noch etwa 48 Brutpaare.

Steckbrief

Größe:	80 - 100 cm
Gewicht/Männchen:	2,8 - 4,5 kg
Gewicht/Weibchen:	3,6 -6,7 kg
Spannweite:	190 - 230 cm
Gelege:	2 - 3 Eier
Brutdauer:	42 - 44 Tage
Nestlingsdauer:	65 - 85 Tage

Der Steinadler ist eine wahre Naturgewalt.

LINKS: Mit einer Spannweite von bis zu 2,30 Metern ist der Steinadler einer der mächtigsten Greifvögel Europas.

OBEN: Mit seinen sprichwörtlichen »Adleraugen« erkennt der Steinadler ein Kaninchen noch aus einer Entfernung von 1500 Metern.

Die Falken

Falken sind wahre Luftakrobaten und beeindrucken durch ihren virtuosen Flug. Der Wanderfalke als berühmter Vertreter der Falken ist das schnellste Tier der Erde.

Flugkünstler am Himmel

Falken sind wahre Luftakrobaten, zu ihnen gehören die schnellsten Flieger unter den Greifvögeln. Ihr gesamter Körper ist an ihre wendigen Flugmanöver angepasst.

Auch wenn man es auf den ersten Blick nicht glauben mag: Vergleichende Analysen der DNA (Genmaterial) haben ergeben, dass Falken näher mit Papageien und Singvögeln verwandt sind als mit einem Adler oder Bussard. Deshalb werden sie in eine eigene Familie innerhalb der Greifvögel gestellt.

Schnelle Jäger

Oft lässt sich schon anhand der Flügel eines Greifvogels sein Flugstil ableiten. Charakteristisch für die meisten Falken sind ihre schmalen, fast sichelförmigen Flügel. Damit sind sie weniger an einen Segelflug in Aufwinden angepasst als vielmehr an den aktiven und pfeilschnellen Flug.

Falken nutzen ganz unterschiedliche Jagdmethoden: Sie können blitzschnell beschleunigen und ihre Beute im Flug einholen, oder aber sie nutzen den Überraschungseffekt, indem sie im Sturzflug aus größerer Höhe auf ihre Beute hinabstoßen.

Turmfalken sind bekannt für ihren Rüttelflug, bei dem sie im Gegenwind so mit den Flügeln schlagen, dass sie in der Luft auf der Stelle zu stehen scheinen, bis sie von oben ein Beutetier ausgemacht haben und sich darauf stürzen.

Der Wanderfalke ist im Sturzflug das schnellste Tier der Welt. Seine Jagd ist ein beeindruckendes Schauspiel, denn Wanderfalken setzen vor allem auf Schnelligkeit. Der Wanderfalke kreist oft hoch am Himmel, um unter ihm fliegende Vögel zu sichten. Dann beschleunigt er zuerst mit schnellen Flügelschlägen, legt seine Flügel flach an und stößt blitzartig auf seine Beute hinab. In diesem Sturzflug erreicht er Geschwindigkeiten von mehr als 200 Stundenkilometern, es wurden vereinzelt sogar Geschwindigkeiten über 300 Stundenkilometern gemessen. Der Aufprall kann so heftig sein, dass die Beutetiere oft schon durch diese Wucht getötet werden. Doch sind die Rekordgeschwindigkeiten eher theoretische Messungen, denn in der Natur würde der Zusammenstoß mit einem Tier bei dieser Geschwindigkeit auch für den Wanderfalken zu gefährlich sein.

FALKEN SIND BISSTÖTER

Im Vergleich zu den meisten Greifvögeln, die ihre Beute mit den Fängen töten, setzen Falken dazu ihren scharfen Schnabel ein. Dieser wirkt zwar relativ klein und ist weniger hakenförmig gekrümmt als bei Adlern oder Bussarden, doch weist er andere Besonderheiten auf. Mit seinen kräftigen Kiefermuskeln und der Verstärkung des Bisses durch den »Falkenzahn« wird sein Schnabel zu einer tödlichen Waffe für die Beutetiere. Der Falkenzahn ist der Zacken am vorderen Oberschnabel, der in eine entsprechende Vertiefung am Unterschnabel passt und dadurch wie eine Zange wirkt.

Der Nachwuchs

Im Frühjahr beginnen die Falken mit der Balz und der Aufzucht der Jungen, die dann meistens im Frühsommer beendet ist – mit Ausnahme des Eleonorenfalken, der noch im Herbst Junge im Nest haben kann. Die Jungen werden aber nicht in einem klassischen Horst aufwachsen. Denn Falken bauen ihre Nester niemals selbst. Je nach Art legen sie ihre Eier einfach auf den Boden, auf Felsbänke und Felsspalten, oder sie übernehmen die Nester anderer Arten, wie beispielsweise die von Krähen. Der Turmfalke bezieht sogar spezielle Nistkästen.

Die meisten Falkenarten legen etwa drei bis vier Eier pro Gelege. Oft rücken die Jungen eng zusammen, um sich gegenseitig zu wärmen.

Das Gelege besteht meist aus drei bis fünf Eiern, kann aber auch mal nur ein Ei oder aber bis zu neun Eier umfassen. Da junge Falken deutlich kleiner sind als Adler- oder Geierjunge, ist auch die Brutzeit etwas kürzer. Kleine Arten wie der Wanderfalke brüten daher etwa 32 Tage, bis der Nachwuchs schlüpft. Oft sind beide Elternteile mit der Nahrungsbeschaffung beschäftigt, um den Hunger der Küken zu stillen. Sobald der Nachwuchs nach oft fünf bis sieben Wochen flugfähig ist, werden die Jungvögel lernen, selbst Beute zu schlagen. Häufig sind die ersten Jagdversuche von keinem großen Erfolg gekrönt, weshalb sie von den Eltern für einige Wochen unterstützt werden.

GESCHLECHTSDIMORPHISMUS

Bei den meisten Greifvogelarten sind die Weibchen größer und kräftiger als die Männchen. Das zeigt sich schon in der Entwicklung, denn die Männchen sind einige Tage eher flügge als die Weibchen und verlassen somit eher das Nest. Eine Erklärung für die Größenunterschiede könnte sein, dass die Weibchen durch die größere Körpermasse die lange Brutzeit und die Aufzucht der Jungtiere besser überstehen können und schwankendes Nahrungsangebot besser verkraften. Auch können sie die Jungvögel besser gegen mögliche Angreifer verteidigen. Die Männchen hingegen sind kleiner, damit wendiger und in der Jagd erfolgreicher, um regelmäßig Beute zu beschaffen. Bei Falken ist dieser Unterschied ausgeprägter als bei anderen Greifvögeln, sodass die Weibchen um mehr als ein Drittel größer sein können als die Männchen.

Ein etwa 2,5 Wochen alter Wanderfalke beobachtet neugierig seine Umgebung.

1 Der Wanderfalke ist der absolute Rekordhalter im Tierreich und gilt als schnellstes Tier der Welt. Im Sturzflug wurden schon Geschwindigkeiten von über 300 Stundenkilometern gemessen.

2 Bei der Jagd beschleunigt der Wanderfalke zuerst mit schnellen Flügelschlägen, legt seine Flügel flach an und lässt sich rasend schnell auf seine Beute hinabstürzen. Oft sterben die Tiere schon durch die harte Wucht des Aufpralls.

3 Der Buntfalke ist ein sehr kleiner Falke, der vor allem in Nord- und Südamerika heimisch ist. Er ähnelt sehr stark dem in Mitteleuropa heimischen Turmfalken. Beide können ihre Beute aus dem »Rüttelflug« fangen.

4 Buntfalken ernähren sich von kleinen Säugetieren und Insekten. Weil der Rüttelflug sehr viel Energie kostet, bevorzugen sie oft die Jagd von einem Ansitz aus. So können sie die Beute ausmachen und im gezielten Flug auf sie niederstoßen.

5 Der Falklandkarakara kommt ausschließlich auf den Falklandinseln in Südamerika vor und ist deshalb einer der seltensten Greifvögel weltweit.

6 Karakaras werden auch Geierfalken genannt. Im Gegensatz zu den übrigen Falken jagen sie nicht im schnellen Flug, sondern am Boden laufend oder von einem Ansitz aus.

1
2
3
4
5
6

Der Sakerfalke gilt in Arabien als Statussymbol.

Der Sakerfalke ist ein beliebter Jagdfalke, der hauptsächlich in der Mongolei und China heimisch ist.

Steckbrief

Größe/Männchen:	ca. 46 cm
Größe/Weibchen:	ca. 55 cm
Gewicht/Männchen:	0,7 - 0,9 kg
Gewicht/Weibchen:	1,0 - 1,3 kg
Spannweite/Männchen:	110 cm
Spannweite/Weibchen:	126 cm
Gelege:	3 - 4 Eier
Brutdauer:	ca. 30 Tage

Der Sakerfalke im Porträt

Ein unter Ornithologen viel geläufigerer Name für diese schöne Falkenart ist Würgfalke.

LEBENSRAUM

Der Sakerfalke bewohnt Waldsteppen, Steppen und Savannen vom östlichen Mitteleuropa und Südosteuropa über den Nahen Osten und Zentralasien bis in den Nordwesten Chinas. In Asien besiedelt er auch Bergsteppen und bergige Halbwüsten bis in Höhen von 4700 Metern.

NAHRUNG

Während der Brutphase ernährt sich der Sakerfalke in Mitteleuropa hauptsächlich von Kleinsäugern wie Zieseln, in seinem Überwinterungsgebiet aber auch von Vögeln bis zur Größe von Enten.

SIE EROBERN ADLERHORSTE

Am Horst verhalten sich Sakerfalken sehr heimlich, nur zu Beginn der Brutzeit vollführen sie Flugspiele mit rasanten Sturzflügen. Sakerfalken nutzen stets mehrere Nestplätze. Als Nestunterlage dienen die Nester von anderen Vogelarten, wie Raben, Reiher oder Störche. Sogar einen Seeadlerhorst kann ein Sakerfalken-Paar erobern, indem es die größeren Konkurrenten durch heftige Angriffe vertreibt.

FORTPFLANZUNG UND NACHWUCHS

Ein Sakerfalken-Paar bleibt oft sein ganzes Leben lang zusammen. Ab einem Alter von zwei bis drei Jahren legen Sakerfalken im Frühjahr etwa drei bis fünf Eier, die sie dann für etwa 30 Tage bebrüten. Anschließend dauert es etwa 50 Tage, bis die jungen Sakerfalken das Nest verlassen. Trotzdem werden sie noch weitere 30 bis 40 Tage von ihren Eltern versorgt, bis sie komplett eigenständig sind.

DER SAKERFALKE ALS BEIZVOGEL - STATUSSYMBOL IN ARABIEN

Die Beizjagd, also die Jagd mit abgerichteten Greifvögeln auf Kleinwild, hat auf der arabischen Halbinsel eine lange Tradition. Zusammen mit dem Gerfalken gelten dort Sakerfalken zu den begehrtesten Vögeln und bilden ein Statussymbol. Das liegt an den außerordentlich schnellen und wendigen Flugmanövern. Außerdem beherrscht der Sakerfalke sowohl die Luft- als auch die Bodenjagd und ist gut an das Klima in den Wüstenrandbereichen angepasst.

Die ersten Wochen eines Sakerfalken

1

1 Das Junge ist eine Woche alt. Die Wärmeisolation der dünnen Dunen reicht noch nicht aus, um sich selbst zu wärmen. In dieser Zeit werden die Jungvögel intensiv vom Weibchen gehudert und gefüttert.

2 Obwohl erst drei Wochen alt, können junge Sakerfalken täglich mehr als die Hälfte ihres eigenen Körpergewichtes an Nahrung zu sich nehmen. Beide Elternvögel müssen jagen, um den Hunger der Jungen zu stillen.

3 Da der Schnabel bereits kräftig ausgeprägt ist, können die drei Wochen alten Jungvögel ihre Nahrung selber zerteilen.

4 Das Dunenkleid ist im Alter von drei Wochen deutlich länger und wolliger als direkt nach dem Schlüpfen, sodass der junge Falke nun seine Körpertemperatur selbst aufrechterhalten kann.

5 Mit drei Wochen beginnen auch schon die ersten »richtigen« Federn des Jugendkleids zu wachsen, was besonders an den Flügeln und am Stoß zu erkennen ist.

6 Schon mit 4,5 Wochen ist der junge Sakerfalke fast vollständig dunkel befiedert und es wird nicht mehr lange dauern, dass er fliegen kann.

Der Sakerfalke ist ein beliebter Vogel in der Falknerei.

GANZ LINKS: Im Alter von 4,5 Wochen sind noch die letzten Reste des hellen Dunengefieders sichtbar.

LINKS: Sakerfalken gibt es in zwei Farbformen. Eine dunkelbraune sowie eine helle Form, die vergleichbarer mit dem Gerfalken ist.

UNTEN: Nach etwa sieben Wochen ist das Gefieder des Sakerfalken vollständig ausgebildet und der Vogel flügge.

Der Gerfalke ist der größte Falke weltweit und hat von allen Falken das nördlichste Verbreitungsgebiet.

Durch seine Größe ist der Gerfalke als Jagdfalke sehr beliebt, da er sowohl Vögel als auch Kaninchen jagen kann.

Steckbrief

Größe/Männchen:	50 cm
Größe/Weibchen:	60 cm
Gewicht/Männchen:	0,9 - 1,3 kg
Gewicht/Weibchen:	1,2 - 2 kg
Spannweite/Männchen:	105 - 120 cm
Spannweite/Weibchen:	125 - 130 cm
Gelege:	3 - 4 Eier
Brutdauer:	30 - 36 Tage

Der Gerfalke im Porträt

Der Gerfalke vereint zwei Superlative in sich: Einmal ist er die weltweit größte Falkenart, zum anderen ist er der schnellste Falke im Horizontalflug. Er kann Geschwindigkeiten zwischen 100 und 130 Stundenkilometern erreichen.

Die Art tritt in unterschiedlichen Gefiederfarben, sogenannten Morphen auf, je nachdem wo sie lebt. Hochnordische Gerfalken von Grönland oder Sibirien sind überwiegend weiß gefärbt, bei den auf Island lebenden Gerfalken ist das Gefieder mehr grau getönt, und die skandinavischen Vögel sind noch dunkler, mehr schiefergrau bis graubraun gefärbt.

LEBENSRAUM

Der Gerfalke lebt überwiegend in polaren und arktischen Regionen nahe der Baum- und Vegetationsgrenze. Er ist in Ländern wie Island, Norwegen, Schweden, Finnland, Russland, Alaska, Kanada und Grönland heimisch.

JAGDTECHNIKEN UND NAHRUNG

Der Gerfalke verwendet bei der Nahrungssuche mehrere Möglichkeiten der Jagd. So lauert er von einem Ansitz aus auf Beute oder überrascht sie aus der Deckung heraus. Zu seiner Hauptbeute gehören Schneehühner, die er am erfolgreichsten schlägt, indem er dicht über dem Boden fliegt und diese aufscheucht. Außerdem stößt er aus einem kreisenden Suchflug steil auf die Beute herab. Auf seinem Speiseplan stehen ebenfalls Lemminge, Schneehasen, Mäuse, See- und Wasservögel.

DER GERFALKE ALS BEIZVOGEL

Der Gerfalke gehört seit über 4000 Jahren zu den besonders geschätzten Beizvögeln. Sie gelten als Universaljäger, da man mit ihnen sowohl Vögel bis zur Größe einer Ente, aber auch kleine Säugetiere wie Kaninchen oder aber Flugwild wie Fasane jagen kann.

Weiße Gerfalken, die vor allem in Grönland vorkommen, galten als besonders wertvoll und zählten regelmäßig zu den Geschenken an und zwischen Fürstenhäusern.

FORTPFLANZUNG UND NACHWUCHS

Ein Gelege besteht meist aus drei bis vier Eiern, die das Gerfalken-Weibchen zum Beispiel in eine Nische oder in einen Horst eines Kolkraben in einer Felswand legt. Nach etwa 35 Tagen Brutdauer schlüpfen die Jungen, die dann nach etwa sieben Wochen flügge sind. Trotzdem bleiben sie noch für weitere vier Wochen in der Nähe der Eltern.

1 In der Natur legen Gerfalken ihre Eier gewöhnlich in Höhlungen in einer Felswand. Die Adlerwarte bietet also dem drei Wochen alten Gerfalken mit den Felsen eine vertraute Umgebung.

2 Gerfalken sind die weltweit größten Falken, daher sind sie auch schon in jungem Alter deutlich »dicker« als die Küken anderer Arten.

3 Junge Falken können ordentlich Krach machen. Beim sogenannten Lahnen betteln sie nach Beute.

4 Der junge Gerfalke sieht noch sehr wild aus, doch schon in zwei bis drei Wochen ist das Gefieder vollständig entwickelt.

5 Die Füße des jungen Gerfalken sind gräulich, dadurch unterscheidet er sich von seinen Eltern, die gelbe Füße haben. Die Krallen entwickeln sich im Alter von drei Wochen sehr schnell.

6 Auf einem Fels in der Adlerwarte kann sich der drei Wochen alte Gerfalke frei bewegen und sich an die Umgebung gewöhnen.

GANZ LINKS: Der Gerfalke ist mit einer Geschwindigkeit von 110 Stundenkilometern im waagerechten Flug der schnellste Flieger der Welt.

LINKS: Im ersten Lebensjahr sind die Jungvögel markant gefärbt. Erst nach zwei Mausern entwickeln sie das eher graue Erwachsenengefieder.

UNTEN: Jungfalken sind aktiv. Laut kreischend laufen sie in hohem Tempo über den Boden.

LINKS: Schon flügge junge Gerfalken bleiben noch ein oder zwei Monate bei den Eltern, um ihre Jagdtechnik zu perfektionieren.

UNTEN: Als Anpassung an ihre arktischen Brutgebiete haben Gerfalken besonders am Bauch und an den Oberschenkeln ein wärmeisolierendes Gefieder.

Die Eulen

Zahlreiche Mythen und Legenden ranken sich seit Jahrtausenden um die geheimnisvollen Eulen. Als Jäger der Nacht führen die meisten ein Leben im Verborgenen.

Lautlose Jäger der Nacht

Eulen üben auf den Menschen eine ganz eigene Faszination aus. Im Mittelalter galt der Waldkauz noch als »Totenvogel«, weil sein Ruf so ähnlich klingt wie die Worte »komm mit«, heute dient sein für viele schaurig klingender Ruf in Filmen als Untermalung für spannende Szenen. Andererseits sind Eulen wahre Publikumslieblinge geworden. Ist es ihr ausdrucksvoller Blick mit diesen großen, runden Augen? Oder ist es ihre Art, wenn sie mit dem Hals wackeln und dem Kopf schaukeln, die uns zum Lachen bringt? Ich weiß es nicht, doch irgendwie haben sie es geschafft, super beliebt zu werden und millionenfach auf Kleidung gedruckt, als Deko-Design oder auf Kunstdrucken zu landen. Irgendwie zaubern sie einem ein Lächeln ins Gesicht.

Spezialitäten der Eulen

Aber abseits der Popkultur, was macht die Eulen denn aus biologischer Sicht so einzigartig? Das sind ihre Anpassung an die Jagd in der Dunkelheit. Und dazu gehören ganz klar ihre Augen.

WUNDERSCHÖNE AUGEN

Schaut man einer Eule ins Gesicht, fallen einem sofort die außergewöhnlich großen und teilweise farbigen Augen auf. Da viele Eulenarten bei Nacht jagen, erfüllen die großen Augen vor allem einen Zweck: gutes Sehen bei Dunkelheit!

Im Gegensatz zu den tagaktiven Greifvögeln sind Eulen nicht darauf angewiesen, zum Beispiel in großer Höhe riesige Gebiete nach Beute abzusuchen. Vielmehr nutzen sie das wenige Restlicht der Nacht optimal. Die großen Augen und die weit geöffneten Pupillen bieten also eine möglichst große Fläche, um Licht einzufangen. Darüber hinaus befinden sich auf ihrer Netzhaut deutlich mehr Stäbchen-Sehzellen als bei Menschen und auch tagaktiven Greifvögeln, sodass sie bei Mondschein drei- bis zehnmal besser sehen können als Menschen. Sie erkennen zwar nicht sehr gut Farben, dafür aber umso stärker Hell-Dunkel-Unterschiede. Und genau diese Eigenschaft ist für ein Jagen in der Nacht äußerst vorteilhaft. Eine völlige Nachtsicht haben Eulen aber dennoch nicht. Und trotzdem sind viele Arten in der Lage, bei völliger Dunkelheit zu jagen. Sie verlassen sich also auf einen anderen Sinn.

AUSSERGEWÖHNLICHES GEHÖR

Einige Eulen, wie der Uhu, haben auffällige »Federohren«. Doch darunter verbergen sich keinesfalls echte Ohren, es sind lediglich Federbüschel. Wozu diese gut sind? Darüber knobeln die Forscher noch heute, es wird aber vermutet, dass die Federohren bei der Balz eine Rolle spielen oder auch allgemein die Stimmung der Eule anzeigen können. Oder sie verstärken die Tarnwirkung des Gefieders, weil die runde Silhouette des Kopfes durch die Federohren etwas aufgelöst wird und der Vogel somit besser mit seiner Umgebung verschmelzen kann.

Die eigentlichen Ohren einer Eule sind schmale Schlitze, die seitlich am Kopf sitzen und von Federn bedeckt sind. Im Gesicht der Eulen fallen tellerförmig angeordnete Federn auf, die Gesichtsschleier genannt werden. Sie bilden eine Art Schalltrichter, der die Geräusche bündelt und zu den Ohren leitet. Durch diese natürliche Verstärkung ist das Gehör einer Eule je nach Art fünf bis zehnmal so gut wie das von Menschen. Aber nicht nur das ist ein großer Vorteil für die Jäger, ihr Gehör hat noch eine ganz besondere Eigenschaft entwickelt.

EULEN KÖNNEN DREIDIMENSIONAL HÖREN!

Die Hörschlitze der Eulen befinden sich nicht auf gleicher Höhe am Kopf, sondern sitzen etwas höhenversetzt an beiden Seiten des Schädels. Die Schallwellen möglicher Beutetiere treffen also auf der einen Seite eher ein als auf der anderen. Dadurch ist eine sehr präzise räumliche Ortung möglich. Die Schleiereule ist somit in der Lage, auch bei völliger Dunkelheit Jagd auf Mäuse zu machen. Insbesondere in höheren Frequenzbereichen ist die Empfindlichkeit des Gehörs besonders ausgeprägt. Das Piepsen von Mäusen kann daher aus über 50 Metern lokalisiert werden.

WARUM EULEN IHREN KOPF SO WEIT DREHEN KÖNNEN

Jeder hat ihn schon mal gesehen, diesen coolen Blick einer Eule, wenn sie ihren Kopf scheinbar einmal um die eigene Achse dreht und einen anschließend mit starrem Blick fixiert. Aber warum tun sie das überhaupt? Ganz einfach: Eine Eule kann ihre Augen nicht bewegen, denn sie sind fest mit der knöchernen Augenhöhle verbunden. Die Eule hat also keine Wahl: Wenn sie an eine bestimmte Stelle blicken möchte, muss sie ihren ganzen Kopf in diese Richtung drehen.

Und das kann sie sehr gut: Menschen und Säugetiere besitzen nur sieben Halswirbel, eine Eule hat aber 14 Halswirbel. Deshalb ist ihr Kopf viel beweglicher und sie kann ihren Kopf mühelos um ca. 270 Grad drehen. Eine weitere Besonderheit ist, dass bei Eulen im Gegensatz zu Greifvögeln die Augen nicht seitlich am Schädel sitzen, sondern vorne. Das Sehfeld beider Augen überlappt sich. Der Bereich, den Eulen dadurch mit beiden Augen sehen, ergibt ein etwa 70 Grad großes Gesichtsfeld. In diesem Bereich können Eulen binokular, also räumlich sehen, was zu einem sehr guten Abschätzen von Entfernungen führt.

Die Federn von Eulen sind samtartig, ihre Kanten sind fein gefranst. Die beim Flug entstehende Strömung wird dadurch feiner verwirbelt, das sorgt für einen fast lautlosen Flug.

ÜBERRASCHUNGSANGRIFF AUS DER DUNKELHEIT

Doch was nutzt es einer Eule, wenn sie gut sieht in der Nacht und gut hört, denn ihre nächtlich aktiven Beutetiere haben ebenfalls gute Ohren und würden den anfliegenden Feind schon hören und sich in Sicherheit bringen, bevor er zugreifen kann. Damit das nicht passiert, können Eulen nahezu lautlos fliegen. Die Federn der meisten Vögel bilden eine stabile Fläche mit geraden Kanten. Im Flug hört man dadurch die Flügelschläge als ein Rauschen. Nicht so bei den nachtaktiven Eulen. Die Ränder ihrer Federkanten sind leicht gezähnelt, sodass die Luftströmung an den Flügeln viel feiner verwirbelt wird. Außerdem ist das gesamte Gefieder etwas flauschig, das heißt, dass auch aufeinanderreibende Federn beim Fliegen deutlich weniger Geräusche machen.

TÖDLICHER GRIFF

Die meisten Eulen jagen ihre Beute von einem Ansitz aus. Ist das Beutetier geortet, setzen sie zum Flug an. Die Eule fliegt los. Hat sie die Position des Beutetieres erreicht, bremst sie kurz ab und streckt dabei ihre Beine nach vorne, um die Beute packen zu können. Die stark gespreizten Zehen enden in scharfen Krallen, was sie zu einer tödlichen Waffe machen. Kleinere Beutetiere werden oft bereits vom Griff mit den Zehen getötet. Um den Halt größerer Beute noch zu verbessern und ein Entkommen nahezu unmöglich zu machen, ist die Innenseite der Zehen mit warzenartigen Noppen besetzt, den sogenannten Papillen. Auch können Eulen eine ihrer vier Zehen, die sogenannte Wendezehe, nach vorne oder hinten drehen und dadurch den Griff verbessern. Größere Beutetiere töten Eulen nicht mit den Füßen, sondern mit einem schnellen Biss in den Nacken.

WAS VON DER BEUTE ÜBRIG BLEIBT

Zu den Hauptbeutetieren der Eulen gehören vor allem Mäuse und kleinere Säugetiere, teilweise auch Fische, Reptilien oder Frösche und Insekten. Oftmals schlingen sie die Tiere am Stück hinunter, mit Haut, Haaren und Knochen. Nicht alles davon kann verdaut werden, die Überreste wie Haare, Federn und Knochen werden im Magen zu einem Klumpen zusammengeballt und als sogenanntes Gewölle wieder ausgewürgt. Diese geben Aufschluss darüber, was die Eulen gefressen haben, da sich dort teilweise ganze Mäuseskelette wiederfinden.

Auch Greifvögel würgen solche Gewölle aus, da aber ihre Magensäure offensichtlich schärfer ist als die der Eulen, wird viel mehr von den Beutetieren verdaut.

Der Steinkauz gilt als Vogel der Weisheit. Seinen wissenschaftlichen Namen *Athene noctua* hat er nach der Göttin Athene, der Göttin der Weisheit, erhalten.

Der Steinkauz im Porträt

Der Steinkauz ist eine heimische Eulenart. Sein Verbreitungsgebiet erstreckt sich über Europa bis auf Skandinavien und Nordafrika bis nach China. Er bevorzugt offene abwechslungsreiche Landschaften mit angrenzenden Baumgruppen, in denen er kleine Baumhöhlen für das Brutgeschäft finden kann. Die besten Lebensbedingungen bieten ihm Streuobstwiesen oder Wiesenlandschaften, in Wäldern hingegen kommt er überhaupt nicht vor. Da sein Lebensraum fortschreitend eingeschränkt wird, steht er in Deutschland mittlerweile auf der Roten Liste der gefährdeten Arten und gilt hier als stark gefährdet. In anderen Ländern, insbesondere im Mittelmeerraum, sind die Bestände noch deutlich stabiler.

Steinkäuze jagen von einem kleinen Ansitz aus, sind aber auch viel zu Fuß unterwegs. Sie sind so flott, dass sie sogar eine Feldmaus einholen können. Diese gehören zu ihrer Hauptnahrung. Zusätzlich erbeutet der Steinkauz aber auch größere Insekten, Würmer und kleinere Vögel. Mit einer Größe von etwa 21 bis 22 Zentimetern ist der Steinkauz aber eine eher kleine Eule.

EWIGE TREUE

Ein Steinkauz-Paar bleibt oft ein Leben lang zusammen, auch außerhalb der Brutzeit. Haben sie sich einmal für ein Jagdrevier entschieden, bleiben sie dort für mehrere Jahre, ist es ergiebig, auch ein Leben lang.

VOGEL DER WEISHEIT

Eulen stehen für Weisheit, was auf die griechische Mythologie zurückzuführen ist. So war der Steinkauz der ständige Begleiter von Athene, der Göttin der Weisheit. Von ihr hat er seinen wissenschaftlichen Namen *Athene noctua*, darauf ist auch die Redewendung »Eulen nach Athen tragen« zurückzuführen.

Steckbrief

Größe:	21 - 23cm
Gewicht:	180 - 210g
Spannweite:	50 - 56 cm
Gelege:	3 - 5 Eier

Steinkäuze sind schon mit 38 bis 46 Tagen flügge. Ab einem Alter von zwei bis drei Monaten sind sie komplett selbstständig.

Seine großen Augen verleihen dem Steinkauz ein sehr niedliches Aussehen. Die stark ausgeprägten Augenbrauen dienen als Sonnenschutz, da der Steinkauz eine tagaktive Eule ist.

Zwei junge Steinkäuze, die sich gegenseitig wärmen. Anfangs sind die jungen Steinkäuze besonders flauschig und tragen ein helleres Gefieder. Ihr Schnabel ist leicht blaugrau, doch wird er mit zunehmendem Alter gelb.

DER NACHWUCHS SCHLÜPFT

Steinkäuze brüten in kleinen Höhlungen in Bäumen oder Mauern und legen drei bis sechs Eier, aus denen nach 22 bis 30 Tagen die Jungen schlüpfen. Das Weibchen bebrütet die Eier allein, während es in dieser Zeit vom Männchen mit Beute versorgt wird. Wenn ein Steinkauz schlüpft, wiegt er lediglich zehn bis zwölf Gramm. Im Alter von etwa fünf Wochen verlassen die Jungen bereits ihren Unterschlupf und warten oft auf naheliegenden Ästen auf ihre Eltern, die sie dort füttern. Darauf ist der Begriff »Ästling« zurückzuführen. Nach und nach fangen sie dann an, selber zu jagen. Nach sechs Wochen können sie bereits kurze Strecken fliegen, und spätestens im Alter von zwei bis drei Monaten fliegen die Jungvögel aus und suchen sich ihr eigenes Revier. Meist bleiben sie dabei in der Nähe ihres Geburtsortes.

DER JUNGE STEINKAUZ

Junge Steinkäuze sind flauschig, haben große Augen und sind lustig anzusehen. Neugierig beobachten sie ihre Umgebung und irgendwie verbreiten sie gute Laune. Im Alter von drei bis vier Wochen tragen sie schon ihr zweites Federkleid, das sogenannte Mesoptil. Am Kopf sind dann noch die letzten Reste ihres ersten Dunenkleides als weiße Flusen zu sehen. Die Dunen wachsen nun quasi raus, bis sie irgendwann abfallen.

Optisch ähnelt das zweite Federkleid schon dem eines erwachsenen Steinkauzes, nur ist es deutlich heller und weniger kontrastreich. Auch der Schnabel wird seine Farbe verändern. Noch ist er blaugrau, doch mit zunehmendem Alter wird er die gelbe Farbe der Schnäbel der Altvögel annehmen.

KLEINE DICKE KUGEL

Steinkäuze sind keine Zugvögel und müssen daher die harten Winterzeiten anderweitig überstehen. Ihre Hauptbeute wie Mäuse und Insekten werden deutlich seltener und können sich teilweise unter dem Schnee verstecken. Doch für die kalten, nahrungsarmen Wintermonate sorgen die kleinen Eulen anderweitig vor. Denn Steinkäuze können sich einen ungeheuren Fettvorrat anfressen, sodass sie bis zum Dreifachen ihres Körpergewichtes speichern können.

Wenn ein Steinkauz ruht, zieht er oftmals seinen Kopf leicht ein. Da er ohnehin keine Federohren hat und zusätzlich noch sein Gefieder aufplustern kann, wirkt der Kauz wie eine kleine Kugel. Zusammen mit seinen großen, dunkel eingerahmten Augen unter weißen Augenbrauen macht dies den Steinkauz dann besonders süß.

Adler und Bussarde

Adler sind die Könige der Lüfte. Ihre imposante Erscheinung machte sie zum Symbol der Macht. Noch heute gehören sie zu den häufigsten Wappentieren, wie zum Beispiel der Weißkopfseeadler der USA oder der Seeadler Deutschlands.

Königliche Vögel

Die Könige der Lüfte

Adler beeindrucken durch ihren Anmut und ihren fast majestätischen Auftritt. Sie gehören mit zu den größten Greifvögeln der Welt und nicht umsonst schmücken sie die Wappen der Kaiser und Könige. Sie bilden das Ende der Nahrungskette und haben keine natürlichen Feinde zu fürchten. Aber was macht einen Adler aus?

Ornithologisch betrachtet ist der »Adler« eher ein Sammelbegriff für eine Gruppe der Greifvögel innerhalb der Habichtartigen. Sie werden noch einmal unterteilt in die vier Gruppen Eigentliche Adler, Seeadler, Schlangenadler und Harpyien.

Adler sind tagaktive Greifvögel, die sich durch einen massiven Schnabel und ihren kräftigen Körperbau auszeichnen. Deshalb nutzen sie bei der Jagd oft den Überraschungsmoment, da sie für eine wendungsreiche Verfolgungsjagd viel zu schwerfällig sind. Zu ihrer Nahrung gehören je nach Lebensraum Fische, Vögel, Kaninchen, aber auch teilweise größere Säugetiere wie Rehkitze oder Füchse und junge Steinböcke oder Gämsen. Der Seeadler ist der größte Adler Europas, er kann eine Spannweite von bis zu 2,60 Meter erreichen.

Der Weißkopfseeadler ist seit 1782 der Wappenvogel der USA. Er ist der größte Greifvogel Nordamerikas.

DER ADLERHORST

Die meisten Adler bauen riesige Horste und bewohnen diese über mehrere Jahre in Folge, sodass sie enorme Dimensionen annehmen können. So kann ein Seeadlerhorst einen Durchmesser von etwa zwei Metern erreichen und mehrere Hundert Kilogramm schwer werden. Es wurden sogar schon Horste von Weißkopfseeadlern mit bis zu zwei Tonnen Gewicht gefunden. Auch sind Adler treue Lebenspartner, denn hat sich einmal ein Adlerpaar gefundenen, bleiben sie für gewöhnlich ein Leben lang zusammen.

DER NACHWUCHS KÄMPFT

Adlerküken sehen niedlich aus, dennoch tragen sie oft erbitterte Kämpfe untereinander aus. Ein Adlergelege besteht meist aus zwei Eiern und wird vom Weibchen bebrütet, während das Männchen Beute heranschafft. Da die Eier meist mit mehreren Tagen Abstand gelegt werden, das Weibchen aber vom ersten Ei an brütet, besteht unter den Jungen ein Altersunterschied. Das ältere Küken hat damit einen Größenvorteil und kann sich bei der Fütterung durch die Eltern einen Vorteil verschaffen. Oft kommt es vor, dass das älteste Küken die jüngeren angreift und tötet, vor allem bei Nahrungsmangel. Man spricht dabei von »Kainismus«, angelehnt an den biblischen Brudermord.

DAS ZEICHEN DER KÖNIGE UND KAISER

Nach dem Löwen ist der Adler das zweithäufigste Wappentier. Schon im alten Rom, im Russischen Kaiserreich, aber auch in heutigen Staaten wie den USA oder der Bundesrepublik Deutschland ist der Adler auf zahlreichen Wappen zu finden. Er steht als Symbol für Macht, für Wachsamkeit oder eine königliche Würde, aber auch als Symbol für den Himmel, die Sonne und die göttliche Herrschaft.

BUSSARDE

Bussarde ähneln optisch stark der Gattung *Aquila* (Echte Adler), doch sind sie deutlich kleiner. Ihr Schnabel ist kürzer und insgesamt ist ihre Erscheinung leichter. Ihre Beine sind meist unbefiedert. Grundsätzlich machen sie auch eher Jagd auf kleine Beute wie Kleinsäuger, Regenwürmer, Insekten oder kleine Reptilien.

Einer der bekanntesten und am häufigsten vorkommende Greifvogel in Europa ist der Mäusebussard. In der Falknerei wird vor allem der Wüstenbussard gern eingesetzt, da der Umgang mit ihm durch sein entspanntes Verhalten sehr angenehm ist und sogar eine Kompaniejagd möglich ist, also eine Jagd mit mehreren Vögeln gleichzeitig.

Der Wüstenbussard im Porträt

Der Wüstenbussard ist die einzige Greifvogelart, die in Familienverbänden jagt. Er ist bei Falknern sehr beliebt.

EINZIGARTIGE JAGDTECHNIK

Der Wüstenbussard, oft auch mit seinem englischen Namen »Harris Hawk« bezeichnet, ist eine Greifvogelart mit einem besonderen Jagdverhalten. Die Bussarde ernähren sich von Nagetieren, Reptilien und Vögeln. Bei der Jagd sind sie in der Lage, Gruppenstrategien anzuwenden. Sie nutzen ausgefeilte Techniken, um Beutetiere zu überraschen und müde zu machen. So teilen sie sich in kleine Gruppen auf, von der eine die Beutetiere aufscheucht und sie aufs offene Gelände treibt. Dort lauern die Mitglieder der anderen Gruppe im Hinterhalt, schneiden der Beute den Fluchtweg ab und erlegen sie schließlich. Wenn sich ein Beutetier ins Dickicht zurückzieht, landen dort andere Gruppenmitglieder und treiben sie zu Fuß wieder ins Freie, wo die anderen Wüstenbussarde zur Stelle sind. In der Welt der Greifvögel ist dies eine einzigartige Jagdweise.

LEBENSRAUM

Der Wüstenbussard ist im Südwesten der USA und in Mittel- und Südamerika verbreitet. Er bewohnt recht unterschiedliche Habitate. Neben Sumpfgebieten lebt er auch in spärlich bewachsenem Grasland mit geringem Baumbestand sowie in Wüsten, Halbwüsten und Steppen.

Mit zunehmendem Alter wird der Wüstenbussard die rotbraune Färbung annehmen.

1 Nach einer Brutzeit von 33 bis 35 Tagen pickt das Küken die Eischale an, sodass schon von außen erkennbar ist, dass es bald schlüpfen wird. Bereits ein bis zwei Tage vor dem Schlüpfen kündigt es sich auch durch Piepen an. Mit einer Pinzette und Wattestäbchen hilft der Falkner Klaus Hansen dem Küken beim Schlüpfen. In der zoologischen Haltung ist es oft so, dass durch die gute Ernährung des Muttervogels die Eischale sehr stabil ist. Außerdem ist das Ei sehr gehaltvoll, sodass das Küken wohlgenährt ist und sich dadurch weniger bewegen kann im Inneren des Eis. Das Schlüpfen wird so für das Küken eine umso größere Belastung, bei der nicht klar ist, ob es überleben wird. Durch den Spalt kann das Küken einen ersten Kontakt zur Außenwelt aufnehmen. Es öffnet bereits seinen Schnabel und die Atmung setzt ein.

2 Das Küken liegt stark eingerollt in dem Ei. Es sieht gesund aus und hat sich prächtig entwickelt.

3 Nach etwa vier Stunden kann sich der junge Wüstenbussard befreien, sein Kopf liegt nun vollständig frei.

4 Die Augen wirken riesig, sie sind noch mit einer bläulich grauen Haut geschlossen. Der Eizahn ist deutlich erkennbar. Hiermit konnte das Küken die Innenseite der Eischale anritzen. Das Dunengefieder ist schon ausgeprägt, doch ist es noch feucht und verklebt. Nach mehreren Stunden ist der junge Wüstenbussard erschöpft und muss seine Kräfte sammeln. Sein Hinterteil bleibt noch im Ei.

5 Nach zwei Stunden ist das Dunengefieder am Kopf schon etwas getrocknet und das Küken wird wieder aktiver. Es schaukelt mit dem Ei hin und her und piept zart und in hohen Tönen. Eines seiner Beine konnte es bereits herausziehen. Vorsichtig strampelt es nun den Rest der Eischale ab.

6 Geschafft!

Die Vogelfeder

Vögel sind die nächsten Verwandten von Dinosauriern und Fossilien zeigen, dass diese schon vor Millionen von Jahren Federn entwickelt haben, ohne jedoch fliegen zu können. Dennoch haben die Federn einige wichtige Funktionen erfüllt, wie beispielsweise die Wärmeisolierung.

Die heutigen Vögel haben sich deutlich weiterentwickelt und ihre Federn sind extrem leicht, flexibel und gleichzeitig widerstandsfähig. Neben der offensichtlichen Funktion, dass Vögel ihre Federn zum Fliegen benötigen, bieten sich aber auch weitere Vorteile. So helfen die Federn bei der Wärmeregulierung des Körpers, sie halten Wasser vom Körper ab und dienen als Tarnung, sind aber auch ein Schönheitsmerkmal, das die Tiere bei der Umwerbung von Partnern zur Schau stellen.

Der Eizahn ist deutlich zu erkennen und hat dem jungen Vogel das Schlüpfen erleichert.

FLUGKÜNSTLER

In atemberaubenden Wendemanövern jagen Wüstenbussarde ihre Beute. Sie gelten als Kombinationsjäger, das heißt, sie jagen sowohl am Boden als auch in der Luft. Durch ihren spektakulären Flug sind sie auch beliebt bei Flugvorführungen und werden in der Falknerei für die Jagd eingesetzt. Ihre Bindung an den Menschen ist sehr eng und er ist der am häufigsten eingesetzte nicht heimische Greifvogel.

FLUGHAFEN-EINSATZ

Es kommt immer häufiger vor, dass man Wüstenbussarde an Flughäfen antreffen kann. Dabei handelt es sich aber nicht um wildlebende Tiere, sondern um gezielt eingesetzte Flughelfer. Sie werden eingesetzt, um Krähen oder Möwen zu verjagen und somit das Risiko zu reduzieren, dass die Tiere ins Triebwerk eines Flugzeugs gelangen und es dadurch zum Absturz der Maschine kommt.

Das Vergrämen der anderen Vögel ist deutlich schonender, als wenn Schreckschüsse von Jägern abgefeuert werden, denn die Wüstenbussarde stellen eine natürliche Bedrohung für die Krähen dar, sodass diese den Flughafen auch längerfristig meiden.

LEBEN IM FAMILIENVERBAND

Wüstenbussarde sind sehr gesellig und leben im Familienverband von bis zu fünf Tieren, der von einem Weibchen angeführt wird. Es kommt auch vor, dass sich ein Weibchen mit zwei Männchen verpaart, die dann beide an der Aufzucht der Jungvögel beteiligt sind. Beim Brüten und der Aufzucht helfen andere Wüstenbussarde der Gruppe, nicht nur die eigenen Eltern.

Bei einem guten Nahrungsangebot können Wüstenbussarde bis zu dreimal im Jahr brüten. Nach viereinhalb bis fünf Wochen schlüpfen die Jungvögel.

Steckbrief

Größe:	55 - 60 cm
Gewicht:	0,75 - 1,1 kg
Spannweite:	110 - 120cm
Gelege:	2 - 5 Eier

LINKS: Die kleine Schachtel dient dem jungen Wüstenbussard nach dem Schlüpfen als erster Horst.

UNTEN: Nach etwa vier Stunden hat sich das Küken vollständig aus der Eischale befreit.

▷

Ein junger Greifvogel ist ein schutzbedürftiges Wesen.

◁

LINKS: Schon im Alter von einem Tag ist der Wüstenbussard sehr aufgeweckt und beobachtet seine Umgebung.

OBEN: Doch die vielen Eindrücke scheinen ihn zu ermüden, sodass er schon bald wieder in einen tiefen Schlaf fällt.

▷

Wüstenbussarde haben ein angenehmes Wesen

◁

GANZ LINKS: Schon im Alter von zwei Wochen wirken die Wüstenbussarde äußerst lebendig und aktiv.

LINKS: Wüstenbussarde sind bei der Jagd durchaus gut zu Fuß unterwegs. Schon beim Küken sind ihre langen Beine gut erkennbar.

UNTEN: Nach drei Wochen beginnt das Wachstum des Jugendgefieders, das ihn später in wunderschöne Brauntöne hüllt.

Die Entwicklung vom Küken zum jungen Erwachsenen

1

1 **Woche 4**
Die aktuelle Lebensphase ist von einem schnellen körperlichen Wachstum geprägt. Die Beine werden länger, die Flügel kräftiger und das Jugendgefieder entwickelt sich hervorragend.

2 Die weißen Flusen auf dem Rücken sind Teile des alten Dunengefieders, das nun durch neue Federn ersetzt wird. Diese »Reste« werden nach und nach abfallen.

3 **Woche 5,5**
Die Schwungfedern an den Flügeln werden deutlich sichtbar und wachsen täglich mehrere Millimeter.

4 Das Federwachstum lässt sich gut am Stoß beobachten. Noch sieht das Gefieder etwas wild aus, das ist aber normal und wird mit der Zeit gleichmäßiger und eleganter.

2

3

4

5

6

5 Seine Krallen sind bereits sehr kräftig und haben schon nahezu die volle Größe erreicht.

6 Der Wüstenbussard traut sich nun aufzustehen. Das trainiert seine Beinmuskulatur und schult seinen Gleichgewichtssinn.

GANZ LINKS: Der sieben Wochen alte Wüstenbussard schlägt mit den Flügeln, um sich auf seinen ersten Flug vorzubereiten.

LINKS UND UNTEN: Nach etwa sechs bis sieben Wochen verlassen die Jungen zum ersten Mal das Nest, werden aber weiterhin von ihren Eltern gefüttert. Sie bleiben noch für weitere drei bis vier Monate in der Nähe ihres Horstes.

▷

Wüstenbussarde sind äußerst soziale Tiere.

◁

LINKS: Schon sechs Wochen nach dem Schlüpfen sind Wüstenbussarde flügge und verlassen das Nest.

OBEN: Wüstenbussarde sind sehr soziale Tiere. Oft helfen die Jungvögel vom Vorjahr bei der Pflege der neuen Geschwister.

Der Weißkopfseeadler ist wohl einer der bekanntesten Adler, erkennbar an seinem weißen Kopf. Diese Färbung erhalten sie aber erst ab einem Alter von etwa vier bis fünf Jahren.

Mit seinem kräftigen Schnabel kann der Weißkopfseeadler mühelos die dicke Haut von Fischen aufschlitzen.

Steckbrief

Größe:	70 - 90 cm
Gewicht:	2,5 - 6,3 kg
Spannweite:	180 - 250 cm
Gelege:	1 - 3 Eier

Der Weißkopfseeadler im Porträt

DER KÖNIG UNTER DEN ADLERN

Jeder kennt ihn, den ikonischen Adler mit dem dunkelbraunen Gefieder und dem weißen Kopf, das Wappentier der USA. Der Weißkopfseeadler gehört zur Gattung der Seeadler und kommt ausschließlich in Nordamerika vor. Er lebt vorwiegend an den Küsten sowie in Teilen Kanadas und Alaskas.

NAHRUNG UND JAGDTECHNIKEN

Weißkopfseeadler fressen hauptsächlich Fische, die sie im Gleitflug über offenen Gewässern suchen. Hat er einen Fisch an der Oberfläche erspäht, greift der Weißkopfseeadler mit seinen starken Fängen zu. Seine langen, gebogenen Krallen sind rasiermesserscharf, sodass der Fisch kaum eine Chance hat, dem tödlichen Griff zu entkommen. Anschließend fliegt der Adler einen Baum oder ein Uferstück an, an dem er seine Beute ungestört verschlingen kann. Weißkopfseeadler können Beutetiere erlegen und transportieren, die genauso schwer sind wie sie selbst.

Als geschickte Jäger schlagen sie außerdem Kanadagänse im Flug. Oder sie versuchen, Wasservögel durch ständige Angriffe zu erschöpfen, bis sie sie schließlich ergreifen können. Im Winter fressen sie auch Aas oder entreißen anderen Tieren ihre Beute. Eine weitere interessante Technik wenden sie beim Truthahngeier an. Dieser wird so lange »terrorisiert«, bis er seine bereits verschluckte Beute hervorwürgt, die dann vom Weißkopfseeadler verspeist wird.

EINST GEFÄHRDETER JÄGER

Das Wappentier der USA stand 1950 kurz vor seiner Ausrottung. Die Verwendung von Insektiziden in der Landwirtschaft sowie die intensive Bejagung hatten den Bestand auf 450 Brutpaare schrumpfen lassen. Heutzutage hat sich der Bestand mit 120 000 Brutpaaren wieder stabilisiert.

RIESIGER ADLERHORST

Weißkopfseeadler leben monogam und kehren immer wieder zu ihrem Horst zurück. Da sie ihn jedes Jahr reparieren, neu ausbauen und erweitern, kann er riesige Ausmaße annehmen. So wurden schon über Jahrzehnte genutzte Adlerhorste gesehen, die Ausmaße von zwei bis drei Metern Durchmesser und bis zu vier Metern Tiefe hatten und mit einem Gewicht von bis zu einer Tonne zu den größten Nestern im Tierreich gehören. Das Weißkopfseeadler-Weibchen legt ein bis drei Eier, die es 35 Tage lang bebrütet. Wenn die Jungvögel geschlüpft sind, verlassen sie nach etwa zehn Wochen ihr Nest.

1

2

3

4

1 **5 Wochen**
Der junge Weißkopfseeadler ist fünf Wochen alt und hat sein zweites Dunengefieder bereits vollständig ausgeprägt. Er ist seit etwa zwei Wochen in der Lage, seine Körpertemperatur selbst aufrechtzuerhalten. An den Flügeln beginnt bereits das Wachstum seines Jugendgefieders. Er wiegt etwa zwei Kilogramm, doch sitzt er fast die ganze Zeit auf seinen Fersen.

2 Sein Schnabel hat sich in den ersten Wochen bereits kräftig entwickelt. Ein junger Weißkopfseeadler kann bis zu 170 Gramm Gewicht am Tag aufbauen und ist damit der am schnellsten wachsende Vogel in Nordamerika.

3 Wie beim Hundewelpen wirken die Krallen anfangs überproportional groß. Schon jetzt ist zu erkennen, dass er als Seeadler damit ein gutes Werkzeug für die Jagd auf Fische mit sich trägt. Die ausgestreckten Zehen sind eine Entspannungshaltung und quasi der »Normalzustand« der Krallen, wenn sie nicht angespannt werden.

4 Auf dem Kopf sind noch die hellen Reste des ersten Dunengefieders sichtbar, die sich aber in den nächsten Tagen ablösen werden.

1

2

3

4

5

6

1 **6 Wochen**
Nach fünf bis sechs Wochen kann der junge Adler bereits stehen. Die Phasen des aufrechten Stehens werden immer häufiger …

2 … doch noch muss er sich zwischenzeitlich immer wieder setzen. Die Beinmuskulatur ist noch im Aufbau.

3 Schon eine Woche später hat der junge Weißkopfseeadler eine enorme Entwicklung vollbracht. Am ganzen Körper wachsen nun die schönen, dunkelbraunen Federn.

4 **7 Wochen**
Kräftige Flügelschläge sind die ersten Vorbereitungen für den späteren Flug. Seine Flugfedern sind schon gut entwickelt, doch reichen sie noch nicht, um wirklich fliegen zu können.

5 Die Krallen eines Weißkopfseeadlers sind sehr spitz und für den Fang von Fischen optimiert. Die dolchartigen Krallen dringen tief in den Fisch ein. Die Unterseite der Zehen ist mit warzenartigen Noppen besetzt, um den glitschigen Fisch besser festhalten zu können.

6 Mit ihren Adleraugen können sie Mäuse aus einer Entfernung von bis zu drei Kilometern erkennen. Doch bis der Jungvogel selbst auf Jagd geht, werden noch mehrere Wochen vergehen.

10,5 Wochen

GANZ LINKS UND LINKS: Auf dem Falknerhandschuh kann der junge Weißkopfseeadler getragen werden. Anhand der Abnutzungsspuren ist schon zu erahnen, welche Kräfte er mit seinen Füßen aufbringen kann.

UNTEN: In der Adlerwarte beobachtet der junge Weißkopfseeadler gemeinsam mit dem jungen Riesenseeadler die erwachsenen Greifvögel beim Freiflug.

Riesenseeadler sind sehr selbstbewusst. Vielleicht liegt es daran, dass den Jungen in ihrer Heimat selbst im Horst kaum Gefahren durch Raubtiere drohen. Es gibt kein Tier, das in Bäumen klettern kann, das annähernd so groß ist wie der junge Adler.

Mit bis zu neun Kilogramm ist der Riesenseeadler etwa um die Hälfte schwerer als der Weißkopfseeadler und der größte aller Seeadler.

Steckbrief

Größe:	85 - 110 cm
Gewicht/Männchen:	4,9 - 5,2 kg
Gewicht/Weibchen:	7,8 - 9 kg
Spannweite:	185 - 280 cm
Gelege:	1 - 3 Eier

Der Riesenseeadler im Porträt

Der schwanengroße Riesenseeadler ist mit einem Gewicht bis zu neun Kilogramm der größte Greifvogel aus der Gattung der Seeadler. Sein wohl auffälligstes Merkmal ist der einzigartig große, leuchtend gelbe Schnabel. Er ist in Ostasien beheimatet und vor allem an Flüssen und Seen zu finden. Dort fängt er seine Hauptnahrung: Fische und Wasservögel.

NAHRUNGSSUCHE

Auf der Suche nach Beute wartet der Riesenseeadler am Uferrand oder fliegt in geringer Höhe über Gewässer, bis er einen Fisch erspäht. Bevorzugt jagt er Lachse. Diese greift er mit seinen kräftigen krallenbewehrten Zehen, die zähe Haut kann er mit seinem starken Schnabel aufreißen. Im Vergleich zu Fischadlern greift er die Fische aber nur mit seinen Zehen, ohne dabei mit dem Rest des Körpers unter Wasser zu tauchen. Gelegentlich fressen Riesenseeadler auch Aas, insbesondere von Säugetieren wie Robben oder von Fischen und Vögeln.

VERBREITUNG UND LEBENSRAUM

Riesenseeadler bevorzugen größere Gewässer wie Seen und Flüsse sowie Flachland und Felsküsten. Sie sind im nordöstlichen Asien heimisch und gelten als gefährdet.

JUNGTIERE UND FORTPFLANZUNG

Riesenseeadler-Paare bleiben ein Leben lang zusammen. Ihren Horst errichten sie meist in großer Höhe an schwer zugänglichen Stellen wie Baumkronen oder Felsvorsprüngen. Er kann Dimensionen von bis zu 2,5 Meter Durchmesser annehmen.

In der Regel legt das Riesenseeadler-Weibchen zwei Eier, gelegentlich auch ein oder drei. Nach etwa 38 bis 45 Tagen schlüpfen die Jungvögel und werden von der Mutter gehudert. Nach etwa zehn Wochen sind die Jungvögel flügge, werden aber noch weitere acht bis zwölf Wochen von den Eltern versorgt.

»Kainismus«, also das Töten der Nestgeschwister durch den stärksten Jungvogel, ist bei Riesenseeadlern sehr selten, doch trotzdem überlebt aufgrund widriger Umweltbedingungen oft nur ein Jungtier.

Riesenseeadler machen ihrem Namen alle Ehre – noch ist er aber kein Riese …

GANZ LINKS: Im Alter von fünf Wochen sind noch die letzten Überbleibsel des weißen Dunengefieders erkennbar.

LINKS: Ihre Krallen sind für Seeadler typisch und erleichtern ihnen später die Jagd auf Fische.

UNTEN: Noch ist der junge Riesenseeadler fast vollständig grau, doch wachsen bereits die ersten Federn seines Jugendgefieders.

RECHTS: Im Alter von sieben Wochen steht der junge Riesenseeadler regelmäßig auf seinen Beinen.

LINKS: Eines der prägnantesten Merkmale eines Riesenseeadlers ist der Schnabel. Er eignet sich ausgezeichnet, um die besonders zähe Haut seiner Hauptnahrung, der Lachse, aufzureißen.

UNTEN: Das alte Dunengefieder sieht aus wie kleine Eiskristalle.

Der Schnabel eines Riesenseeadlers ist eine Wucht!

1

1 **7 Wochen**
Der junge Riesenseeadler ist fast vollständig dunkel gefärbt und wirkt immer sehr entspannt. In etwa drei Wochen ist er flügge.

2 **9 Wochen**
Mit seinem gigantischen Schnabel wirkt der junge Riesenseeadler mittlerweile sehr einschüchternd und nicht mehr wie ein »Baby«. Doch fliegen kann er noch nicht.

3 Seine dolchartigen Krallen können bei der Jagd tief in den Fisch eindringen und sorgen für einen festen Griff. Seine Krallen sind das wichtigste Jagdwerkzeug des Riesenseeadlers.

4 Noch ist der Schnabel relativ blass mit einer grauen Spitze. Bei adulten Riesenseeadlern färbt sich der Schnabel tief orangegelb.

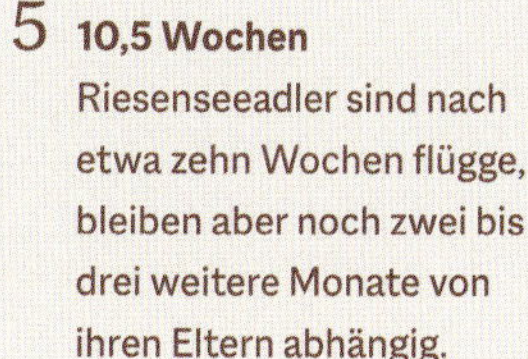

5 **10,5 Wochen**
Riesenseeadler sind nach etwa zehn Wochen flügge, bleiben aber noch zwei bis drei weitere Monate von ihren Eltern abhängig.

6 Im Alter von vier Jahren tragen Riesenseeadler ihr Erwachsenenkleid.

Im Alter von etwa zehn Wochen ist der Riesenseeadler flugfähig. Mit seinen kräftigen Schwingen kann er mühelos abheben. Trotz starker Flügelschläge fliegt er aber vergleichsweise langsam.

SECHS ETAPPEN SEINES ERSTEN FLUGVERSUCHS

Im Alter von zehn Wochen beginnt der junge Riesenseeadler mit dem Flugtraining. Mit kräftigen Flügelschlägen rüstet er sich für seinen ersten Flug. Wenn sie ausfliegen, bleiben sie aber noch zwei bis drei weitere Monate von ihren Eltern abhängig.
Erst ab einem Alter von vier Jahren entwickeln Riesenseeadler ihr Erwachsenenkleid, das von einer weißen Stirn, weißen Schultern, Beinen und einem weißen Stoß gekennzeichnet ist.

Die Geier

Als Gesundheitspolizei der Natur fressen sie Aas und verringern dadurch die Ausbreitung von Krankheiten und Seuchen. Doch Geier haben weit mehr zu bieten ...

Gesundheitspolizei der Natur

Geier haben ein eigenartiges Image – ihr Aussehen hat etwas Gemeines an sich, als führten sie etwas im Schilde, sie ernähren sich von toten Tieren und wirken irgendwie leicht schmuddelig. Aber das wird ihnen nicht gerecht, denn genau das Gegenteil ist der Fall! Oftmals werden sie von Biologen und Ökologen daher viel treffender als »Gesundheitspolizei der Natur« bezeichnet. Denn Geier ernähren sich überwiegend von Aas. Die Tierkadaver sind eine Brutstätte zahlreicher Krankheitserreger, die sich darin vermehren und auf andere Wildtiere übertragen werden können. Doch dem wirken die verschiedenen Geierarten entgegen, indem sie die Kadaver fressen, bevor sie verfaulen und so zu einem Krankheitsrisiko werden. Dadurch halten sie die Umwelt sauber und stabilisieren das Ökosystem. Nach jeder Mahlzeit verbringen sie Stunden damit, sich zu reinigen.

Was zeichnet Geier aus?

Wie kommen sie an das Aas und warum können sie es besonders gut vertragen? Im Lauf der Evolution haben sich Geier auf diese besondere »Beute« spezialisiert und dazu einige Überlebensstrategien und körperliche Besonderheiten entwickelt.

ENERGIESPARMODUS IM SEGELFLUG

Durch ihre breiten Schwingen und die oftmals riesige Spannweite können Geier die Thermik und Aufwinde bestmöglich nutzen und teilweise stundenlang ohne Flügelschlag segeln. Dadurch verbrauchen sie im Flug wenig Energie. Es kann vorkommen, dass sie auf der Suche nach Nahrung extreme Strecken zurücklegen und Gebiete abfliegen, die größer sind als Deutschland. Aber wie können die Geier überhaupt einen Kadaver entdecken?

Zwei junge Rabengeier laufen durch das Fotostudio. Sie sind kaum zu bändigen.

SEHEN ODER RIECHEN?

Im Vergleich zu anderen Tierarten wurde der Geruchssinn bei Vögeln als eher gering eingestuft. Doch es hat sich herausgestellt, dass die Neuweltgeier eine Ausnahme sind und sehr wohl einen stark ausgeprägten Geruchssinn zum Überleben nutzen. So kann der Truthahngeier einen Kadaver aus bis zu einem Kilometer Entfernung riechen. Doch die meisten Geier müssen sich bei der Suche nach Aas auf einen anderen Sinn verlassen.

Die Altweltgeier haben dafür hervorragende Augen, mit denen sie auf ihren Segelflügen schon aus vielen Kilometern Entfernung Aas entdecken können. So kann der Gänsegeier aus knapp vier Kilometern Höhe mühelos ein 30 Zentimeter großes Objekt am Boden erkennen.

NEUWELTGEIER UND ALTWELTGEIER

Was hat es mit diesen sperrigen Begriffen auf sich? Gibt es Geier aus einer neuen Welt und einer alten Welt? So ähnlich. Es wird zwischen zwei Gruppen von Geiern unterschieden. Die sogenannten Neuweltgeier leben in Nord- und Südamerika. Dazu gehören zum Beispiel der Kondor, der eine Flügelspannweite von mehr als drei Metern hat, oder der Rabengeier. Die in Europa, Asien und Afrika heimischen Geierarten wie Gänsegeier oder Sperbergeier werden »Altweltgeier« genannt.

Beide Gruppen weisen zwar viele Gemeinsamkeiten auf wie den kahlen Kopf und breite Schwingen, aber dennoch sind sie nicht näher miteinander verwandt.

NICHT SCHÖN, ABER NÜTZLICH

Eines der offensichtlichsten Merkmale ist ihr kahler Kopf, der lange Hals und die Halskrause aus Federn. Doch dieses ungewöhnliche Aussehen hat einen besonderen Zweck, denn beim Fressen stecken Geier ihren Kopf tief in den Kadaver, um so an die Innereien zu kommen. Auf der glatten Haut können deutlich weniger Nahrungsreste hängen bleiben, als dies bei dichten Federn der Fall wäre. Ihr Gefieder halten die Geier penibel sauber, indem sie mehrere Stunden am Tag mit der Reinigung ihres Federkleides verbringen.

Haben sie ihre Nahrung hinuntergeschluckt, müssen Haut und Knochen verdaut werden. Das ermöglicht eine scharfe Magensäure, die viel konzentrierter ist als bei anderen Greifvögeln. Die Säure tötet gefährliche Krankheitserreger ab, sodass die Geier verwesendes Fleisch fressen können, ohne krank zu werden. Doch wenn sie die Wahl haben, bevorzugen sie frisches Fleisch.

NOT MACHT ERFINDERISCH

Einige Geierarten haben besondere Überlebensstrategien entwickelt. Wenn bereits Schakale und andere Geierarten über einen Kadaver hergefallen sind, bleiben oft nur noch die Knochenreste übrig. Und genau dann schlägt der Bartgeier zu. Er ist ein Nahrungsspezialist und kann Knochen bis zu 18 Zentimeter Länge unzerkleinert hinunterschlucken. Und sollte ein Knochen doch zu unhandlich sein, schnappt er sich den Knochen, fliegt hoch in die Luft und wirft ihn dann auf die Felsen, bis er zerbricht. Dadurch kommt er an das nahrhafte Knochenmark.

DER NACHWUCHS

Die Gelege von Geiern sind sehr klein und bestehen gewöhnlich aus nur einem Ei pro Jahr. Als Nestlinge haben sie auch am Kopf noch ein dichtes Dunengefieder. Nach etwa vier Monaten beginnen die Jungen mit den ersten Flugübungen, sie benötigen aber noch monatelang die Unterstützung der Eltern.

Viele Geier leben in großen Gemeinschaften und so bleiben die Jungtiere häufig in den gleichen Kolonien, in denen sie geboren sind. In der Natur können Geier bis zu 30 Jahre alt werden.

LINKS: Neuweltgeier wie der Rabengeier haben einen gut entwickelten Geruchssinn und unterscheiden sich von Altweltgeiern unter anderem durch das Fehlen einer Nasenscheidewand. Dadurch kann man durch die beiden Nasenlöcher hindurchschauen, wie bei dem etwa vier Wochen alten Rabengeier-Küken.

OBEN: Der 17 Tage alte Kappengeier hat schon jetzt eine große Ähnlichkeit mit seinen Eltern.

RECHTS: Ausgewachsene Kappengeier sind gut erkennbar an ihrem rosaroten Kopf. Wenn sie aufgeregt sind, laufen sie sprichwörtlich rot an wie eine Tomate.

Der Sperbergeier im Porträt

DIE GESUNDHEITSPOLIZEI

Als Aasfrasser sind Sperbergeier ständig auf der Suche nach verendeten Tieren und können dabei durchaus Entfernungen von 100 Kilometern zurücklegen. Geier fungieren in der Natur allgemein als Gesundheitspolizei. Sie vertilgen das Aas verendeter Tiere und dämmen so die Verbreitung von Krankheiten ein.

DER ÜBERFLIEGER

Der Sperbergeier hält den absoluten Höhenrekord. Es wurde bereits eine Flughöhe von 11 280 Metern nachgewiesen. Natürlich stellt man sich die Frage, wie das überhaupt gemessen werden konnte. Das war »leider« ganz einfach. Denn der Geier hatte sich über der afrikanischen Savanne Stück für Stück emporgeschraubt, bis er in dieser Höhe mit einem Flugzeug kollidierte. Dem Piloten ist zum Glück nichts passiert. Der Geier, so muss man leider sagen, konnte nur noch anhand seiner Federn identifiziert werden. Er hat sich unfreiwillig für den Rekord geopfert, aber damit ist er der unangefochtene Rekordhalter, eine größere Flughöhe wurde in der Tierwelt noch nie gemessen. Verblüffend ist auch, dass die Tiere dort oben trotz des geringen Sauerstoffgehalts die nötige Muskelkraft aufbringen können.

Der Sperbergeier hält mit mehr als elf Kilometern den Höhenflugrekord im Tierreich.

AM BESTEN SCHMECKT ES IN GUTER GESELLSCHAFT

Wenn ein Sperbergeier einen Kadaver entdeckt hat, können dort innerhalb kurzer Zeit zig oder gar Hunderte weitere Tiere zusammenkommen. Kleinere Säugetiere können dabei in weniger als zehn Minuten vollständig verzehrt werden, aber auch eine Antilope kann in 30 Minuten vertilgt werden. Dabei fressen die Geier aber nur das Muskelfleisch und die Eingeweide, die Haut und die Knochen lassen sie liegen. Darüber machen sich dann andere Geierarten wie der Bartgeier her.

ZU SCHWER ZUM FLIEGEN

Geier können große Mengen Fleisch fressen, doch anschließend sind sie echt »vollgefuttert«. Wenn es dann zu einer bedrohlichen Situation kommt, etwa weil Löwen oder Hyänen lauern, muss der Geier schnellstmöglich die Flucht ergreifen. Wenn dann das Fleisch schwer im Magen liegt, gibt es oft nur einen Ausweg: Der Geier würgt seine Nahrung hoch und kann auf diese Weise schnell Gewicht verlieren und davonfliegen.

Leider ist das bei unserem Fotoshooting nicht sehr angenehm gewesen. Der junge Sperbergeier ist noch nicht an Menschen gewöhnt und die neue Umgebung hat ihn wohl etwas aufgeregt. Deshalb hat er aus einem Reflex heraus sein Mittagessen »verteilt« - halb verdaut und etwas unappetitlich.

LEBENSRAUM

Sperbergeier leben gesellig in den offenen Savannen von Zentralafrika. Das Verbreitungsgebiet zieht sich vom Senegal im Westen über den Sudan, Kenia, Äthiopien, Somalia, Uganda und Tansania im Osten bis nach Südafrika. Sie brüten in kleinen Kolonien an steilen Felsen.

Steckbrief

Größe:	95 - 101 cm
Gewicht:	5,5 - 7,5 kg
Flügelspannweite:	225 - 240 cm
Gelege:	1 Ei
Brutdauer:	55 Tage

1

2

3

4

1 **1. Woche**
Das Küken ist Ende Januar geschlüpft und somit eines der ersten Küken in der Adlerwarte. Der frühe Zeitpunkt des Schlüpfens liegt daran, dass in dieser Zeit in seiner Heimat in Afrika die Sommermonate sind.

2 Die Brutzeit beträgt 55 Tage. Insbesondere die großen Geierarten legen nur ein Ei, das von beiden Altvögeln bebrütet wird.

3 **2. Woche**
Schon in diesem frühen Stadium fallen der lange Hals und die Kopfform auf. Das sind erste typische Erkennungszeichen eines Geiers.

4 Junge Geier wirken sehr neugierig und haben schon im jungen Alter ein sehr prägnantes Aussehen. Eine gewisse Ähnlichkeit zu einem kleinen Dinosaurier würde ich nicht abstreiten.

1

2

3

4

5

1 **5,5 Wochen**
Geier brauchen in ihrer Entwicklung deutlich länger als Falken oder andere Greifvögel wie Bussarde oder Adler. Doch das liegt auch an ihrer enormen Körpergröße, die sie später annehmen werden.

2 Nach etwa sechs Wochen ist schon deutlich erkennbar, dass das Küken ein Geier ist – vor allem durch den langen Hals und die gebückte Kopfhaltung mit den leicht angezogenen Schultern.

3 Die Füße haben sich bereits stark entwickelt. Auffällig ist die ausgeprägte lange Mittelzehe. Allgemein sind die Füße sehr groß und flach. Sie erinnern eher an die Füße eines Huhns als an die eines anderen Greifvogels.

4 Auf dem Rücken und an den Flügeln beginnt das Jugendgefieder zu wachsen.

5 Je nach Körperhaltung wirkt es so, als habe man hier einen kleinen Flugsaurier vor sich.

1

2

3

4

1 **7 Wochen**
Schon anderthalb Wochen später sind die Flügel und der Rücken des Junggeiers fast vollständig dunkel befiedert.

2 Der Hals wächst in der Anfangszeit sehr stark, was bei der Fütterung deutlich wird. Auch wenn der Geier ausgewachsen ist, wird sein Hals nur mit einem leichten Federflaum überzogen sein, was für eine bessere Hygiene sorgt. Wenn ein Geier mit seinem Kopf tief in einen Kadaver eindringt, bleiben weniger Blut- und Fleischreste im Gefieder hängen, als wenn der Hals vollständig befiedert wäre.

3 Der Geier wird regemäßig gefüttert, um sein schnelles Wachstum zu ermöglichen. Da Geier sehr patschige Füße haben, können sie damit kaum Beute greifen und transportieren. Im Gegensatz zu anderen Greifvögeln können sie daher auch nur schlecht Beute zu ihren Jungtieren tragen. Als Anpassung fressen die Altvögel die Nahrung, speichern sie in ihrem Kropf und würgen diese dann bei den Jungtieren wieder hoch, um sie dadurch zu füttern.

4 Der junge Sperbergeier steht häufig auf seinen Fersen, doch gelegentlich rafft er sich auf und macht einzelne Schritte.

Nach 3 Monaten ist der Sperbergeier flügge

1

1 **10,5 Wochen**
Der junge Sperbergeier hat ein nahezu vollständiges Federkleid. Die Federn sind mittlerweile deutlich länger gewachsen.

2 Geier sind unglaublich neugierig. So läuft der junge Geier ständig von links nach rechts und erkundet sein Umfeld. Dabei hat er meist seine gebückte, geiertypische Haltung.

3 Geier sind sehr reinliche Tiere. Die regelmäßige Gefiederpflege gehört daher zum festen Tagesprogramm.

4 Wenn der junge Geier seine Flügel ausstreckt, ist schon gut zu erkennen, dass er eine große Spannweite entwickeln wird. Gut sichtbar ist auch die Federpartie im Nacken des Geiers.

5 Der kräftige Schnabel dient den Geiern als nützliches Werkzeug, um die dicke ledrige Haut eines Kadavers aufschneiden zu können.

6 Mit ihrem langen Hals können Geier tief in das Innere eines Kadavers vordringen und das nahrhafte Fleisch fressen. Doch heute gibt es Eintagsküken.

▷

Der Sperbergeier ist Rekordhalter des weltweit höchsten Fluges.

◁

LINKS: Im Alter von zehn Wochen macht der Sperbergeier erste Flügelübungen, doch wird es noch weitere zwei bis drei Wochen dauern, bis er flügge ist.

OBEN: Gleich wirft der Sperbergeier etwas »Ballast« ab ...

GANZ LINKS: Schon im Alter von vier Monaten hat der Sperbergeier die beachtliche Spannweite von etwa 2,20 Metern.

LINKS: Mit ersten Gleitübungen bereitet er sich auf seinen ersten großen Flug vor.

UNTEN: Die Jungtiere können sich frei in der Adlerwarte bewegen und erste Erkundungstouren vornehmen.

Die Entstehung des Buches

Die Arbeit mit Greifvögeln stellte für mich eine besondere Herausforderung dar. Wie schafft man es, die Entwicklung der Tiere in Fotografien zu transportieren? Wie kann man ihr Wesen darstellen? Und wie möchten wir die Geschichte erzählen?

Vom Kurzfilm zum Buch

Die Anfänge

Vor einigen Jahren war ich mit meiner damaligen Freundin, die ich mittlerweile meine Frau nennen darf, privat als Besucher in der Adlerwarte Berlebeck. Die Adlerwarte ist in meiner Heimat in Ostwestfalen-Lippe ein beliebtes Freizeitziel und bekannt für ihre einzigartigen Flugvorführungen.

Der Falkner Benjamin Aschmann zeigte den Besuchern die Tiere aus nächster Nähe. Er motivierte die Tiere zu spektakulären Flugmanövern und erzählte wissenswerte Fakten auf eine charismatische und humorvolle Art und Weise.

Völlig gebannt beobachteten wir die Tiere, wie sie im Sturzflug aus hundert Metern Höhe in einem präzisen Flug kleine Fleischstückchen aus der Luft fingen, oder einen Weißkopfseeadler, der in seiner imposanten Erscheinung nur wenige Zentimeter über unseren Köpfen vorbeirauschte, um auf dem Handschuh von Benny zu landen. Zum Glück hatte ich meinen Fotoapparat dabei, doch es war gar nicht so einfach, die Tiere bei voller Geschwindigkeit in scharfen Bildern abzulichten.

Über eine Dreiviertelstunde beobachteten wir das Schauspiel, das mit einem begeisterten Applaus der zahlreichen Besucher beendet wurde. Ich war total fasziniert und gebannt von diesen Flugeinlagen. Mein Filmemacherherz sagte mir, ich müsse daraus etwas machen. Diese Tiere sind der Wahnsinn und unbedingt wollte ich darüber etwas filmen. Doch was?

Benny Aschmann ist Berufsfalkner. Was bedeutet es, sich täglich mit der Aufzucht und dem Training von Greifvögeln zu beschäftigen? Diese Frage wird in unserer Dokumentation »Der Falkenmann« beantwortet.

Ich würde mich als schüchtern bezeichnen, doch ich überwand mich und sprach Benny direkt nach der Flugvorführung an. Ich fragte ihn, ob er nicht Lust habe, mal gemeinsam ein paar Filmaufnahmen mit den Adlern zu machen. Was genau? Das wusste ich auch noch nicht, doch irgendetwas würde mir schon einfallen. Also tauschten wir unsere Nummern aus und verabredeten uns für das nächste Wochenende. Ich hatte die Idee, dass wir Zeitlupenaufnahmen von den Adlern machen könnten. Das würde doch sicher spektakulär aussehen.

Doch wenige Tage später rief Benny mich an und hatte eine viel bessere Idee. Er sagte mir, dass ein junger Steppenadler dabei sei, zu schlüpfen. »Wenn du möchtest, kannst du sofort vorbeikommen und das filmen.« Zu diesem Zeitpunkt war ich aber gerade in der Hochschule und hatte Vorlesungen. Aber egal. Die können so wichtig nicht sein. Hier ergibt sich eine einzigartige Gelegenheit, da muss ich sofort hin!

Also packte ich meine Kameratasche und fuhr in die Adlerwarte Berlebeck. Ich durfte Zeuge sein, wie ein junger Steppenadler das Licht der Welt erblickt. Ein magischer Augenblick, den ich niemals vergessen werde. Als wir die Aufnahmen gedreht hatten, sagte Benny: »Wenn du möchtest, komm doch nächste Woche noch einmal wieder. Dann können wir filmen, wie er schon etwas größer geworden ist.« So kam es, dass ich über mehrere Wochen hinweg immer wieder in die Adlerwarte gefahren bin, um den Steppenadler dabei zu filmen, wie er aufwächst. Aus dem Videomaterial habe ich dann einen Kurzfilm geschnitten, eine Doku mit knapp fünf Minuten Laufzeit, ihn auf YouTube hochgeladen und dann: Bam!

Der Film wurde ein viraler Hit. Wir hatten die Aufnahmen einfach aus Spaß gemacht, und plötzlich hatte sich ein riesiges Publikum für unseren Film interessiert. Wir bekamen weltweite Rückmeldungen zu unserem Film über die herzerwärmende Geschichte von Benny und seinem Steppenadler.

Mittlerweile hat der Kurzfilm über 16 Mio. Aufrufe, was für eine Naturdoku eine gigantische Zahl ist und uns völlig überwältigt. Übrigens ist auch der Kurzfilm unter dem Titel »Vom Schlüpfen bis zum ersten Flug« auf YouTube zu finden. Wir bekamen so viele schöne Nachrichten von Leuten, die den Kurzfilm so lieben. Daher haben wir aus dem Rohmaterial eine ganze Doku geschnitten, die wir unter dem Titel »Der Falkenmann« auf DVD und Blu-Ray veröffentlicht haben. In der Doku zeigen wir, was es für Benny bedeutet, sich täglich um die Aufzucht und das Training von Greifvögeln zu kümmern, und bieten weitere Einblicke in seine hingebungsvolle Arbeit mit den Tieren.

Motiviert durch diese beiden Filme und von dem Gedanken getragen, unsere Faszination für diese Tiere weiterzugeben, haben wir uns entschlossen, dieses Buch zu schreiben. Ich denke, ohne den Film hätte es dieses Buch vermutlich nie gegeben.

Das Fotografieren der Greifvögel war wie die Erfüllung eines Kindheitstraums.

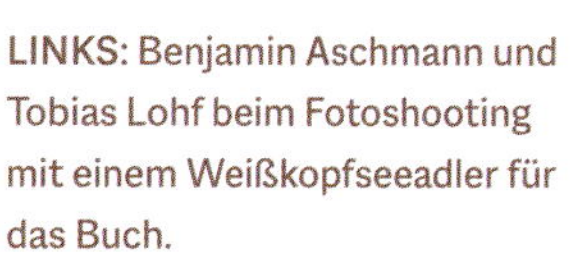

LINKS: Benjamin Aschmann und Tobias Lohf beim Fotoshooting mit einem Weißkopfseeadler für das Buch.

OBEN: Es wird spannend – Tobias Lohf und der sieben Wochen alte Steinadler bereiten sich auf das Shooting vor.

Die Fotoshootings

Die Arbeit mit Tieren stellt einen Fotografen immer vor besondere Herausforderungen. Denn anders als Menschen reagieren sie nicht auf Anweisungen, die man ihnen gibt. Und das ist auch gut so. Das ist aber auch nicht notwendig, denn ich erwarte keine speziellen Posen oder Blicke. Vielmehr wollte ich die Tiere so fotografieren, wie sie sich eben gerade bewegen und darstellen. Und dabei wurde mir deutlich, dass jeder einzelne Vogel einen eigenen Charakter hat.

Manche sind schüchtern, viele sind neugierig und aufgeweckt, andere sind launisch, wenn sie hungrig sind. Der erwachsene Weißkopfseeadler zum Beispiel heißt »Diva« und schnell habe ich herausgefunden, warum. Doch ein Wüstenbussard oder Falke ist unglaublich neugierig und scheint sich mehr für die Fotolampen zu interessieren als für uns.

Alle Greifvögel stammen aus der Adlerwarte Berlebeck. In der Zooschule, direkt neben den Volieren, konnte ich ein kleines Studio einrichten. Im Grunde sind es nur zwei Stative mit einem einfachen Papierhintergrund. Die Tiere hatten also keine Anreise und ein Shooting hat nur wenige Minuten gedauert. Wir haben uns nach den Tieren gerichtet und wenn einer der Vögel signalisierte, dass er keine Lust mehr habe, haben wir das respektiert. So konnten wir sichergehen, dass die Tiere in einer angenehmen Atmosphäre sind.

Die Adlerwarte Berlebeck

Mitten im Teutoburger Wald befindet sich die älteste und artenreichste Greifvogelwarte Europas. Die Adlerwarte Berlebeck wurde 1939 gegründet und beherbergt aktuell 48 verschiedene Greifvogelarten mit insgesamt mehr als 200 Tieren.

Geschühriemen

Jeder Greifvogel wird mit sogenannten »Geschühriemen« ausgestattet. Das sind dünne Lederbänder an den Beinen, an denen der Falkner den Greifvogel sicher auf seiner Hand festhalten kann. Das Geschüh ist so weich und leicht, dass es den Vogel nicht stören kann.

1 Der sechs Wochen alte Sperbergeier posiert entspannt vor dem weißen Papierhintergrund.

2 Tobias Lohf fotografiert den Sperbergeier – jedes Shooting dauert nur wenige Minuten und findet direkt in der Adlerwarte statt, gleich neben den Volieren.

3 Der Steinadler zeigt sich unbeeindruckt, doch lässt er sich problemlos fotografieren. Nur tut ein Adler nicht das, was man ihm sagt. Daher müssen wir kurz warten, bis er die richtigen Posen einnimmt.

4 Wenn ein Greifvogel sein Gefieder pflegt, ist das ein Entspannungsmerkmal. Wäre er in Alarmbereitschaft, würde er das niemals tun.

5 Der Zootierpfleger Jonas Feist posiert mit dem Fleckenuhu und berichtet von wissenswerten Fakten über die Tiere.

6 Auf der Tribüne der Adlerwarte machen wir die letzten Flugfotos der Tiere.

2

3

4

5

6

LINKS UND OBEN: Benjamin Aschmann konnte sich einen Lebenstraum erfüllen. Er ist einer der wenigen Berufsfalkner in Deutschland.

Geschulte Blicke

DAS OCCIPITALGESICHT
So nennt man die Gefiederzeichnung auf dem Hinterkopf mancher Kleineulen, bei der helle oder dunkle Flecken Augen oder ein Gesicht nachahmen. Man vermutet, dass die Zeichnung von hinten anfliegende Angreifer abschrecken oder auf die Eule hassende Kleinvögel täuschen soll, weil sie sich erkannt fühlen.
In Mitteleuropa ist der Steinkauz die Kleineule mit dem ausgeprägtesten Occipitalgesicht, bereits Jungvögel zeigen es andeutungsweise. Beim Buntfalken haben nur die Jungvögel eine solche Nackenzeichnung.

In regelmäßigen Flugvorführungen können die Besucherinnen und Besucher die faszinierenden Tiere hautnah erleben und Wissenswertes über unsere gefiederten Freunde lernen. Ob Schulklassen, private Besuche oder für außergewöhnliche Fotomotive – die Adlerwarte ist ein beliebts Ausflugsziel und ein Highlight in der Region.

Doch die Adlerwarte ist weit mehr als nur ein Greifvogelpark. Ein wichtiger Aspekt der Arbeit ist der Natur- und Artenschutz.

HEIMISCHER NATURSCHUTZ

Die Adlerwarte Berlebeck betreibt eine Auffangstation für kranke und verletzte Eulen und Greifvögel sowie in der Natur nicht überlebensfähige Jungvögel. Jedes Jahr kümmern sich die Falkner um in der Natur verletzt gefundene Jungvögel. Sie werden gefüttert, gepflegt und trainiert. Das Ziel ist es, diese wieder zurück in die Natur zu entlassen.

Da die Jungtiere ohne ihre Eltern aufwachsen, müssen die Falknerinnen und Falkner diese Aufgabe übernehmen. Das bezieht sich auf die Pflege und Fütterung der Tiere, aber auch auf die Vorbereitung für das spätere Leben. Da man als Mensch nicht gemeinsam mit dem Vogel fliegen kann, greift man in der Falknerei auf die sogenannte »Wildflugmethode« zurück. Wenn die Jungvögel aus ihrer Voliere ausfliegen, können sie eigene Jagdflüge trainieren und spielerisch den Beutefang lernen. Das kann im ersten Schritt auch mit Blättern und Stöcken passieren.

Trotzdem werden die Tiere weiterhin in ihrer Voliere mit Futter versorgt. Wichtig ist dabei, dass die Tiere ihre natürliche Scheu vor dem Menschen bewahren. Wie in der Natur werden die Jungvögel sich weiterhin in der Nähre ihres Horstes aufhalten und können jederzeit dorthin zurückkehren. Je erfahrener die Tiere werden, desto größer wird der Jagderfolg und ab einem bestimmten Punkt sind sie dann in der Lage, für sich selbst zu sorgen. Ab diesem Zeitpunkt können die Tiere in die Natur entlassen werden.

Mit der Aufzucht- und Pflegestation leistet die Adlerwarte einen wichtigen Beitrag für den Artenschutz unserer heimischen Greifvögel und Eulen. Für die in der Adlerwarte aufgezogenen Tiere steigt auch die Überlebenswahrscheinlichkeit und die Lebenserwartung. Weniger Küken sterben beim Schlüpfen und durch die gute Nahrungsversorgung sind die Tiere bei besserer Gesundheit, die Gefahr des Verhungerns sinkt und auch die Gefahr einer Tötung des jüngeren Geschwisters wird reduziert.

Der junge Weißkopfseeadler wird regelmäßig trainiert. Seinen prägnanten weißen Kopf bildet er erst im vierten Lebensjahr aus.

Klaus Hansen, Falkner und Teamleiter der Adlerwarte Berlebeck, bei einer Flugvorführung mit einem Kappengeier.

Die fliegende Zooschule

Die »fliegende Zooschule« der Adlerwarte ist ein Bildungsprogramm für Schülerinnen und Schüler. Es werden Führungen und Fortbildungen angeboten, aber auch zahlreiche Workshops, wie der Nistkastenbau, ermöglichen ein erlebnisreiches Lernen. Gleichzeitig wird versucht, auf den Artenschutz aufmerksam zu machen, indem auch über die wild lebenden Greifvögel, ihre Lebensweise, mögliche Gefahren, aber auch Schutzmaßnahmen gesprochen wird. Durch den Kontakt mit echten Greifvögeln aus nächster Nähe kann die Naturverbundenheit und Sensibilisierung für die Tiere gefördert werden und ein Bewusstsein für den Artenschutz gestärkt werden.

INTERNATIONALER EINSATZ FÜR DEN ARTENSCHUTZ

Doch auch international setzt sich die Adlerwarte aktiv für den Artenschutz ein. So beteiligt sich die Adlerwarte Berlebeck an einigen europäischen Zuchtprogrammen seltener und vom Aussterben bedrohter Greifvögel. In Zusammenarbeit mit dem Tierpark Friedrichsfeld in Berlin gelang 1982 die erste Nachzucht von Harpyien in einem Tierpark. Nach dem Bau des Großvolierenkomplexes wurde 1989, zum ersten Mal in Europa, ein Andenkondor nachgezüchtet. Dieser Erfolg wiederholte sich in den Jahren 1993, 1997, 2000, 2003 und 2005. Damit wurde die Adlerwarte Berlebeck europaweit führend in der Nachzucht von Andenkondoren. In den folgenden Jahren beteiligte sich die Adlerwarte Berlebeck an internationalen Auswilderungs- und Nachzuchtprojekten.

Greifvogelstationen in Kenia und Ecuador konnten von den Erfahrungen der Adlerwarte profitieren. So konnte 1998 eine Falknerei in Kenia durch Fachwissen im Umgang mit verletzten Greifvögeln unterstützt werden. Der Teamleiter der Adlerwarte, Klaus Hansen, reiste 1998 nach Kenia, um zu beraten und Hilfestellung zu geben. Durch die intensive Zusammenarbeit mit der obersten Naturschutzbehörde vor Ort konnte eine für dortige Verhältnisse »moderne« Greifvogelanlage aufgebaut werden.

Durch die Beratung der Adlerwarte Berlebeck konnte 2001 auch der Grundstein für den Parque Condór Otavalo in Ecuador gelegt werden. Der Park, nach Vorbild der Detmolder Anlage gebaut, entwickelte sich zu einer der führenden Anlagen in ganz Südamerika. Neben einer Aufzuchtstation, in der verletzte Tiere aufgezogen, gesund gepflegt und ausgewildert werden, züchtet der Park auch bedrohte Arten nach, wie die Harpyie, den Andenkondor oder den Fledermausfalken.

DER FREIE FLUG DER GREIFVÖGEL

Jeden Tag bietet die Adlerwarte Berlebeck mehrfach eine eindrucksvolle Flugvorführung, in der die Greifvögel ihr Können unter Beweis stellen. Falken greifen blitzschnell nach in die Luft geworfenen Fleischstückchen, Geier fliegen nur wenige Zentimeter über den Köpfen der Besucher und Adler landen mit kräftigen Flügelschlagen auf der Hand des Falkners. All das gehört zum Alltag in der Adlerwarte und erfüllt gleich mehrere nützliche Aufgaben. Zum einen geht es darum, den Tieren den nötigen Freiraum und genügend Bewegung zu bieten. So bleiben sie gesund.

Natürlich ist die Flugvorführung auch wichtig, um über Eintrittsgelder das nötige Futter, die Versorgung und Pflege der Tiere und die Instandhaltung der Anlage zu ermöglichen. Doch die Adlerwarte Berlebeck bietet weit mehr: Denn ein Großteil der Einnahmen fließt in das Artenschutzprogramm, bei dem verletzte Greifvögel wieder gesund gepflegt werden, um in die Natur entlassen zu werden. Auch wird durch die Zucht bedrohter Arten ein wichtiger Beitrag zum Artenschutz betrieben.

Darüber hinaus möchte die Adlerwarte die Begeisterung für Greifvögel wecken und für die teilweise bedrohten Tierarten

Ein junger Weißkopfseeadler beeindruckt die zahlreichen Besucherinnen und Besucher.

Der Zootierpfleger Jonas Feist trainiert mit dem jungen Riesenseeadler.

sensibilisieren, um ein Bewusstsein für den Artenschutz zu stärken und diese Themen auch durch Bildungsprojekte an den Nachwuchs zu bringen.

GREIFVÖGEL FLIEGEN NICHT ZUM SPASS

Es ist schwer zu glauben, doch tatsächlich fliegen Greifvögel nicht den ganzen Tag am Himmel, um die Freiheit zu genießen, die man ihnen nachsagt. Ganz im Gegenteil: Der Flug benötigt einen enormen Energieaufwand für den Greifvogel und gedeckt wird dieser durch Fleisch. Ihre Hauptnahrung ist also selten und auch noch schwer zu fangen. Das unterscheidet ein Kaninchen stark von einer Brombeere.

Für Greifvögel bedeutet das, dass sie ihre Energie besonders effizient einsetzen müssen. Bei der Jagd hat ein Greifvogel einen bis zu 20-fach höheren Grundumsatz, weshalb z.B. Wanderfalken aktiv nur wenige Minuten täglich jagen. Über 99 Prozent des Tages verbringen sie fast bewegungslos und damit energiesparend beim Sonnen, Dösen, Gefiederputzen oder Baden. Oft wird die Beute deponiert und über mehrere Tage davon gezehrt.

Die kreisenden Greifvögel sieht man vor allem bei schönem Wetter, da sie die Thermik nutzen können, um ohne großen Kraftaufwand fliegen zu können. Doch auch diese Ausflüge sind nicht nur aus Spaß, sondern dienen oft zur Reviermarkierung. Die täglichen Freiflugphasen in der Falknerei entsprechen also dem natürlichen Verhalten der Greifvögel in der Natur.

Alltag auf der Adlerwarte

FÜTTERUNG DER GREIFVÖGEL

Die Greifvögel sind reine Fleischfresser und fressen mehrmals täglich am Tag. Sie fressen gewöhnlich Eintagsküken, die gekühlt lange haltbar sind. Die Küken werden zerkleinert und in mundgerechte Stücke geschnitten, wie es die Elterntiere auch für ihre Jungtiere machen würden. Das ist sehr zeitaufwendig, vor allem, wenn es so viele hungrige Greifvögel gibt, die alle gleichzeitig fressen möchten. Wenn die Tiere größer werden, kann man das Futter auch unzerkleinert bereitlegen.

BERINGUNG

Schon innerhalb der ersten Wochen wird ein Ring über den Fuß des Greifvogels geschoben, auf den eine Ringnummer geprägt ist. Diese Nummer ist einmalig und quasi der Personalausweis des Vogels. Schon nach wenigen Tagen wächst der Vogel so schnell, dass der Ring zwar noch locker am Bein liegt, aber nicht mehr über die Fänge abgezogen werden kann. Mit der Ringnummer werden die Tiere dann bei der Naturschutzbehörde gemeldet. Auf diese Weise wird sichergestellt, dass die gekennzeichneten Tiere nicht illegal aus der Natur gefangen oder importiert wurden. Der Ring besteht aus leichtem Aluminium und hat abgerundete Kanten, sodass sich der Vogel sehr schnell daran gewöhnt und ihn gar nicht mehr bemerkt.

Der Weißkopfseeadler bringt vollen Körpereinsatz bei seinem täglichen Flugtraining. Auch in der Natur fängt er Fische, die nah an der Wasseroberfläche schwimmen, mit seinen Zehen voran.

WARUM FLIEGEN DIE GREIFVÖGEL NICHT EINFACH WEG?

Wenn die verschiedenen Greifvögel über der Adlerwarte fliegen, sind sie frei in ihrem Element und könnten jederzeit davonfliegen. Doch sie tun es nicht, die Greifvögel kommen freiwillig zurück. Wieso?

Wichtig ist, dass der Falkner und sein Greifvogel eine vertrauensvolle Bindung aufbauen. Das funktioniert unter anderem durch eine Belohnung in Form von Futter. Doch ein Greifvogel darf niemals bestraft werden, denn er kann die Strafe nicht auf ein bestimmtes Verhalten beziehen. Deshalb ist bei der Ausbildung eines Greifvogels ein starkes Einfühlungsvermögen notwendig.

Nach und nach bauen Falkner und Vogel ein Verhältnis auf, das von tiefem Vertrauen geprägt ist. Und wenn der Vogel merkt, dass es ihm gut geht, kommt er gern wieder. Dabei ist schön zu beobachten, dass diese Verbindung auf Augenhöhe besteht. Da die Greifvögel in der Adlerwarte ein angenehmes Leben führen können, ohne Nahrungsmangel, mit einem gestärkten

Ein heller Sakerfalke fliegt pfeilschnell über unsere Köpfe.

GANZ LINKS: Ein Seeadler kurz vor der Landung auf dem Handschuh des Falkners.

LINKS: Benjamin Aschmann beim Freiflug mit einem ausgewachsenen Weißkopfseeadler.

UNTEN: Ein Sakerfalke schnappt sich ein Stück Fleisch aus der Luft, indem er es mit den Zehen voran ergreift.

Immunsystem, ohne Parasitenbürde oder ohne gefährliche Revierkämpfe, werden die Tiere doppelt bis dreimal so alt wie die Tiere in der Natur

Natürlich kann es auch mal vorkommen, dass ein Greifvogel davonfliegt. Das kann sein, weil er noch jung ist und schlicht die Orientierung verloren hat, oder aber, weil eine Zugunruhe aufkommt bei Arten, die im Winter für gewöhnlich in den Süden fliegen. Auch kann es sein, dass ein Greifvogel auf der Suche nach einem Partner mal für einige Tage verschwindet. Doch meist kommen sie wieder. Und wenn mal ein Greifvogel nicht zurückfindet, können viele von ihnen mit einem kleinen Sender ausgestattet werden. Dieser stört das Tier nicht, doch kann der Falkner seinen vermissten Schützling wieder auffinden.

WAS TUN, WENN MAN EINEN JUNGEN ODER VERLETZTEN GREIFVOGEL FINDET?

Sollten Sie bei einem Spaziergang im Wald eine junge Eule oder einen jungen Greifvogel finden, ist in der Regel keine Hilfe notwendig. In der sogenannten Ästlingszeit ist es üblich, dass die jungen Tiere in der Nähe ihres Horstes von Ast zu Ast springen und auch mal auf dem Boden landen können. Oft kommen sie wieder aus eigener Kraft zurück nach oben, oder sie werden weiterhin von ihren Eltern versorgt. Lassen Sie den Vogel daher bitte bei seiner Familie.

Anders ist es, wenn der Vogel verletzt aussieht. In diesem Fall ist es ratsam, eine Auffangstation zu kontaktieren. Oft ist es so, dass Sie den Vogel dann in einem dunklen Karton vorbeibringen können. Legen Sie den Karton mit Küchenpapier oder Zeitung aus, aber kein Stroh. Seien Sie vorsichtig bei der Fütterung, denn hierzu müsste man sich sicher sein, welche Art man vor sich hat. Am besten sprechen Sie die nächsten Schritte mit der nächstgelegenen Auffangstation ab, die sich um die Versorgung des Tieres kümmern kann.

DANK

Dass dieses Buch realisiert werden konnte, verdanke ich einer Menge Menschen und wie bei so vielen Dingen im Leben ist es oft eine ganze Verkettung an Zufällen, Entscheidungen, Begegnungen und etwas Glück, die ein solches Projekt erst möglich machen.

Die vielen Greifvögel sind ganz klar die Stars dieses Buches und ihrer Geduld ist es zu verdanken, dass wir in diesem Buch einige Einblicke in das Leben der Greifvögel gewinnen durften. Doch hatte ich auch einige menschliche Helfer, die das Buch tatkräftig unterstützt haben.

An erster Stelle sind das ganz klar die Falknerinnen und Falkner der Adlerwarte Berlebeck durch ihre unermüdliche und hingebungsvolle Arbeit mit den Tieren und die Unterstützung bei meinen Fotoshootings.

Benjamin Aschmann hat sein Leben den Greifvögeln gewidmet und ist ein angesehener Falkner, der mit seiner charismatischen Art seine Begeisterung für die Tiere teilen kann. Mit Herzblut, Hingabe und großer Kompetenz kümmert er sich täglich um seine Tiere. Er ist ein starker Ideengeber und immer motiviert, spannende Projekte anzustoßen. So konnten wir bereits auf die gemeinsamen Erfolge unserer Filmproduktionen zurückblicken, die er maßgeblich erst möglich gemacht hat.

Klaus Hansen ist der Leiter der Adlerwarte Berlebeck und neben der ganzen Teamführung als Falkner auch für die Jungvögel zuständig. Wenn die Küken schlüpfen, kümmert er sich intensiv um den Nachwuchs und beobachtet ihre Entwicklung, um bei möglichen Komplikationen direkt helfend zur Seite stehen zu können. Er hat es mir ermöglicht, die jungen Greifvögel beim Schlüpfen beobachten zu dürfen. Und wenn ein Küken schlüpft, richtet es sich nicht unbedingt nach dem Terminplan seines Umfelds. Und dennoch hat er mich jederzeit eingeladen und dieses Buch voll unterstützt.

Jonas Feist ist Zootierpfleger und konnte sich damit einen Lebenstraum erfüllen. Bei den Shootings hat er immer dafür gesorgt, dass die Tiere gesund und glücklich sind und hat mich an seinem Wissen über die Greifvögel teilhaben lassen.

Als es an das Schreiben des Buches ging, konnte Jana Nolding als promovierende Zoopädagogin und Falknerin wertvolles Fachwissen einbringen und stand mir bei fachlichen Fragen stets zur Seite.

Das ganze Team der Adlerwarte Berlebeck empfinde ich als familiäre Einheit, die es sich zum Ziel gesetzt hat, den Greifvögeln ein angenehmes Zuhause zu bieten, ein beliebtes Ausflugsziel für Familien zu sein und gleichzeitig den Artenschutz voll zu unterstützen.

Außerdem möchte ich meinem Verlag danken, insbesondere Angelika Lang und Fabian Barthel, die seit Beginn an den Erfolg des Projektes geglaubt haben und mich bei der Umsetzung so toll begleitet und unterstützt haben.

Und selbstverständlich geht mein Dank an meine Liebsten zu Hause – meine Frau, die mir durch ihr volles Vertrauen den Rücken stärkt und mich bei meinen Projekten so unterstützt. Aber auch meinen Eltern, Schwiegereltern, meinem Bruder und meinen Freunden möchte ich für die stets aufmunternden Worte danken.
Ich bin froh, euch zu haben!

Der junge Weißkopfseeadler beim Flugtraining. Was die Jungvögel in der Natur von ihren Eltern durch Abschauen und Nachmachen lernen, muss hier der Falkner leisten.

Gemeinsam mit diesem drei Tage alten Blaubussard möchte ich mich dafür bedanken, dass Sie uns als Leserinnen und Leser auf dieser Reise begleitet haben.

BILDER OHNE BILDLEGENDE

Seite 1:	schlüpfendes Steinadler-Küken
Seite 2/3:	Fleckenuhu
Seite 4:	schlüpfendes Steinadler-Küken
Seite 6:	Falkner Benjamin Aschmann
Seite 8/9:	Blaubussard
Seite 10:	Falke
Seite 16/17:	Junger Weißkopfseeadler
Seite 18:	Seeadler
Seite 50/51:	Steinadler
Seite 52:	Steinadler-Ei
Seite 88/89:	Sakerfalke
Seite 90:	Lannerfalke
Seite 108/109:	Fleckenuhu
Seite 110:	Fleckenuhu
Seite 118/119:	Seeadler
Seite 120:	Gaukler
Seite 152/153:	Sperbergeier
Seite 154:	Sperbergeier-Küken
Seite 168/169:	Benjamin Aschmann mit einem Steppenadler
Seite 170:	Junger Weißkopfseeadler

Über den Autor

Tobias Lohf ist Kameramann, Produzent und Gründer. Bereits während seines Kamerastudiums an der Fachhochschule Dortmund arbeitete Tobias Lohf als Kameramann für diverse Kurzfilme und Werbeproduktionen, unter anderem für Mercedes Benz, Microsoft und Heineken.

Durch eine Fortbildung an der New York Film Academy konnte er sein Wissen vertiefen. Es folgten umfangreiche Produktionen wie die preisgekrönte Serie »Wishlist«, die unter anderem mit dem Deutschen Fernsehpreis und dem Grimme-Preis ausgezeichnet wurde, sowie der Primetime Feature-Film »Schattenmoor« für ProSieben.

Neben seiner Tätigkeit als Kameramann hat er zwei Unternehmen gegründet: die Outside the Club GmbH, die als Filmproduktionsfirma und Visual-Effects-Studio zahlreiche Spielfilme und Serien produziert hat, sowie die Stratoflights GmbH & Co. KG, die mithilfe von Stratosphärenballons außergewöhnliche Filmaufnahmen aus 40000 Meter Höhe erzeugt und diese für Marketing- und Bildungsprojekte einsetzt.

Seit einigen Jahren arbeitet er eng mit Deutschlands größtem Greifvogelpark, der Adlerwarte Berlebeck, zusammen, wo er mit seiner Kamera die Tiere aus nächster Nähe beobachten kann. Mit seinem Dokumentar-Kurzfilm »Vom Schlüpfen bis zum ersten Flug« hat er seine Begeisterung für Greifvögel weitergegeben. Das Video wurde mit 16 Mio. Aufrufen zu einem weltweiten Erfolg.

Die Geschichte um den jungen Adler und seinen Falkner hat er mit seinem Dokumentarfilm »Der Falkenmann« fortgesetzt, der auf dem Pay-TV-Sender PLANET lief und anschließend auf DVD und Blu-Ray erschienen ist.

Seine Leidenschaft gilt der Fotografie und dem Filmemachen, und durch die beiden Unternehmensgründungen konnte er sich seinen Lebenstraum erfüllen, diese zu seinem Beruf zu machen.

Weitere Bilder und Infos auf:
https://www.instagram.com/tuilohf/

Tobias Lohf, der Autor und Fotograf dieses Buches.

Literaturverzeichnis

Campbell, N. A. & Reece, J. B.: Biologie. 8., aktualisierte Auflage. Pearson Studium - Biologie, München, 2011

Dittrich, W.: Gefiedervariationen beim Mäusebussard (Buteo buteo) in Nordbayern. Journal für Ornithologie (126), S. 93-97, 1985

Fischer, W.: Die Geier. Die neue Brehm-Bücherei, Halle (Saale), 1963

Fox, N.: Understanding the Bird of Prey. (2018 Softcover Reprint Ausg.). Hancock House Publishers, Surrey, 1995

Gaffney, M. F. & Hodos, W.: The visual acuity and refractive state of the American kestrel (Falco sparverius). Vision Research (43), 2053-2059, 2003

Hansen, K.: Adlerwarte Berlebeck. Lippischer Heimatbund, Detmold, 2009

Klüh, P.: Die Falknerei im Nationalsozialismus. VPNK-Verlag Peter N. Klüh, Darmstadt, 2017

Lohmann, M., Nill, D., & Pröhl, T.: Falken. Edle Jäger - Herrscher der Lüfte. BLV Buchverlag, München, 2019

Mebs, T., & Schmidt, D.: Die Greifvögel Europas, Nordafrikas und Vorderasiens - Biologie, Kennzeichen, Bestände. Franckh-Kosmos Verlag, Stuttgart, 2014

Motadel, D.: Adler auf der „Hitlerhöhe" - Die Entstehung der Adlerwarte Berlebeck zur Zeit des Nationalsozialismus. Panorama-Verlag, Detmold, 2008

Niehues, C.: Harris Hawk - Faszination Wüstenbussard. Neumann-Neudamm Verlag, Melsungen, 2018

Potier, S., Bonadonna, F., Kelber, A., Martin, G. R., Isard, P.-F., Dulaurent, T., & Duriez, O.: Visual abilities in two raptors with different ecology. Journal of Experimental Biology (219), 2639-2649, 2016

Reymond, L. & Wolfe, J.: Behavioural Determination of the contrast sensitivity function of the eagle Aquila audax. Vision Research, 21(2), 263-271, 1981

Reymond, L.: Spatial visual acuity of the eagle Aquila audax: A behavioural, optical and anatomical investigation. Vision Research, 25(10), 1477-1491, 1985

Scherzinger, W., & Mebs, T.: Die Eulen Europas. Franckh-Kosmos Verlag, Stuttgart, 2020

Schöneberg, H.: Falknerei - Der Leitfaden für Prüfung und Praxis. 3., durchgesehene und aktualisierte Auflage. Verlag Peter N. Klüh, Darmstadt, 2009

Spaar, R.: Flight strategies of migrating raptors; a comparative study of interspecific variation in flight characteristics. IBIS (139), 523-535, 1997

Thiede, W.: Greifvögel und Eulen. Alle Arten Mitteleuropas erkennen und bestimmen. BLV Buchverlag, München, 2008

Anschrift der Adlerwarte:

Adlerwarte Berlebeck
Hangsteinstraße (Parkplatz)
32760 Detmold
http://www.detmold-adlerwarte.de

Nähere Informationen über die fliegende Zooschule erfahren Sie hier:
https://www.fliegende-zooschule.de/

Für Social Media präsentiert sich die Adlerwarte über den Falkner Benjamin Aschmann:
https://www.instagram.com/benny_aschmann/

Impressum

© 2021 GRÄFE UND UNZER VERLAG GmbH,
Postfach 860366, 81630 München

BLV ist eine eingetragene Marke der
GRÄFE UND UNZER VERLAG GmbH, www.blv.de

ISBN 978-3-96747-056-7
2. Auflage 2022

Projektleitung: Fabian Barthel
Lektorat und Bildredaktion: Angelika Lang
Bildredaktion (Cover): Natascha Klebl
Umschlaggestaltung und Layout:
kral&kral design, Dießen a. Ammersee
Herstellung: Petra Roth
Satz: griesbeckdesign, Dorothee Griesbeck
Reproduktion: Longo AG, Bozen
Druck: Firmengruppe APPL, aprinta druck, Wemding
Bindung: Conzella, Pfarrkirchen

Umwelthinweis:
Nachhaltigkeit ist uns sehr wichtig. Der Rohstoff Papier ist in der Buchproduktion hierfür von entscheidender Bedeutung. Daher ist dieses Buch auf PEFC-zertifiziertem Papier gedruckt. PEFC garantiert, dass ökologische, soziale und ökonomische Aspekte in der Verarbeitungskette unabhängig überwacht werden und lückenlos nachvollziehbar sind.

Ein Unternehmen der
GANSKE VERLAGSGRUPPE

Bildnachweis
Alle Fotos stammen vom Autor, mit Ausnahme von: Meinhardt, Barbara: S. 6; Novian, Thomas: S. 13 oben, 172/173, 175-6.

Wichtiger Hinweis
Das vorliegende Buch wurde sorgfältig erarbeitet. Dennoch erfolgen alle Angaben ohne Gewähr. Weder Autor noch Verlag können für eventuelle Nachteile oder Schäden, die aus den im Buch vorgestellten Informationen resultieren, eine Haftung übernehmen.

Liebe Leserin und lieber Leser,

wir freuen uns, dass Sie sich für ein BLV-Buch entschieden haben. Mit Ihrem Kauf setzen Sie auf die Qualität, Kompetenz und Aktualität unserer Bücher. Dafür sagen wir Danke! Ihre Meinung ist uns wichtig, daher senden Sie uns bitte Ihre Anregungen, Kritik oder Lob zu unseren Büchern. Haben Sie Fragen oder benötigen Sie weiteren Rat zum Thema?
Wir freuen uns auf Ihre Nachricht!

GRÄFE UND UNZER Verlag
Grillparzerstraße 12
81675 München
www.graefe-und-unzer.de

DIE KÖNNTEN SIE AUCH INTERESSIEREN.

ISBN 978-3-8354-1750-2

ISBN 978-3-8354-1877-6

ISBN 978-3-8354-1898-1

ISBN 978-3-96747-029-1

ISBN 978-3-8354-1908-7

ISBN 978-3-8354-1828-8

e Auch als E-Book erhältlich

Mehr von BLV auf **www.blv.de**